插图本中国建筑雕塑史丛书

秦汉至魏晋南北朝建筑雕塑史

U0174259

史仲文——丛书主编

【秦汉】王丽燕 史百艳 袁玉红 贾双喜 冀北平——主编

【魏晋南北朝】张 勃——主编

上海科学技术文献出版社
Shanghai Scientific and Technological Literature Press

图书在版编目（CIP）数据

秦汉至魏晋南北朝建筑雕塑史 / 史仲文主编 . 一上海：上海
科学技术文献出版社 ,2022

（插图本中国建筑雕塑史丛书）

ISBN 978-7-5439-8422-6

Ⅰ . ①秦… Ⅱ . ①史… Ⅲ . ①古建筑—装饰雕塑—雕塑
史—中国—秦汉时代—魏晋南北朝时代 Ⅳ . ① TU-852

中国版本图书馆 CIP 数据核字 (2021) 第 181291 号

策划编辑：张　树
责任编辑：付婷婷　张亚妮
封面设计：留白文化

秦汉至魏晋南北朝建筑雕塑史
QINHAN ZHI WEIJINNANBEICHAO JIANZHU DIAOSUSHI
史仲文 丛书主编
[秦汉] 王丽燕 史百艳 袁玉红 贾双喜 冀北平 主编　[魏晋南北朝] 张 勃 主编
出版发行：上海科学技术文献出版社
地　　址：上海市长乐路 746 号
邮政编码：200040
经　　销：全国新华书店
印　　刷：商务印书馆上海印刷有限公司
开　　本：720mm×1000mm　1/16
印　　张：16.25
字　　数：241 000
版　　次：2022 年 1 月第 1 版　2022 年 1 月第 1 次印刷
书　　号：ISBN 978-7-5439-8422-6
定　　价：98.00 元
http://www.sstlp.com

目
录

上篇

秦汉建筑雕塑史

QIN HAN JIAN ZHU DIAO SU SHI

王丽燕　史百艳　袁玉红

贾双喜　冀亚平

第一章

概　述

1

　　秦王嬴政二十六年（前 221），秦灭六国，长达 550 多年的诸侯割据局面结束了。封建专制主义的中央集权制度得到确立，建立起统一的多民族的中央集权的封建国家——秦朝。秦始皇在政治、经济、文化等领域进行了一系列对社会发展具有进步意义的改革。秦朝的统治者还高度重视造型艺术，使其为宣扬统一功业，显示王权威严的政治目的服务。在建筑、雕塑等方面，都取得了极其辉煌的成就。但是，由于秦代刑政苛暴，赋役繁重，广大人民处于"男子力耕不足粮饷，女子纺织不足衣裳"的贫困境地。阶级矛盾迅速激化，终于爆发了陈胜、吴广领导的农民起义。短暂的秦王朝还没有来得及给后人留下更多的物质成果，便被推翻了，代之而起的是汉王朝的建立。

　　西汉初期的统治者鉴于秦王朝覆灭的教训，采取了轻徭薄赋、安集百姓等缓和阶级矛盾的措施。在汉初实行休养生息政策的 70 年里，发展了经济，巩固了中央集权制。到汉武帝统治时，汉代进入全盛期，凭借雄厚的国力，反击了匈奴的侵扰，先后开辟通往西域和南海的道路，扩大了汉帝国的疆域，促进了汉族与周围各少数民族的融合，与周边的关系密切。在意识形态方面，汉初尚沿袭战国时代百家争鸣的方针政策，流行黄老文学。汉武帝时期，为了维护大一统的封建秩序，采纳董仲舒的建议，罢黜百家，独尊儒术。视美术为表彰功臣的有效方式，在大型纪念性雕塑方面颇有建树。西汉晚期，土地兼并开始加剧。到东汉时，豪强地主的大庄园经济恶性发展。为了强化封建依附关系，统治阶级鼓吹唯心主义的天人感应论。汉代实行"察举孝廉"制度，助长了"生不极养，死乃崇丧"的厚葬陋习。遂使壁画墓、画像石及画像砖墓广泛流行。这一时期的建筑及雕塑与其他艺术门类一样，表现出一种雄健、博大、古朴、厚重的精神气质。一改奴隶制时代阴沉凝重的气氛，代之以活泼、生动的氛围。

秦汉时代伴随着统一的中央集权制封建国家的建立与巩固，国力增强，都城、宫苑、陵园等各类建筑群的规模急剧扩大，建筑艺术也日趋成熟。

秦汉时代的建筑群如都城、园林等都是采用以宫殿建筑为中心，以街道、坊市、城垣、自然景观、亭台水榭、回廊等为附属的格局。这种布局特点，对后世都城、园林具有深远的影响。

秦代建筑在模仿六国宫室建筑的基础上，开创了自己的制式，建立起与周制不同的秦制宫殿建筑。它除了继承我国古代建筑木结构、斗拱方式外，在高台建筑的构筑上，利用自然地势而成高土台基，比之前代夯土成台而后挖作的筑法相比，又前进了一步。西汉宫殿布局多承秦制，建筑规模越来越大。汉武帝时代，木架建筑也日趋成熟，砖石建筑和券拱结构有了发展。东汉时期，大量采用抬梁式木构结构，并越来越多地采用砖石，成为流行的建筑形式。

秦汉陵园以陵墓为中心，墓前有各种立体雕塑，周围建有宗庙和陵邑，形成庞大的帝陵建筑群体。其规模、气派可谓空前绝后。

气势庞大，造型宏伟，是秦汉建筑在空间布局上的特点。而在这一时期建筑艺术的装饰上，也同样体现着雄伟、博大的艺术特点。从宫殿所用瓦当、墓前雕塑及构造墓室的画像石、画像砖等建筑装饰构件中都

秦汉至魏晋南北朝建筑雕塑史

可看出这种特征。

秦汉的雕塑，以纪念碑式的雕塑最为有名。它从附属于工艺品的装饰雕塑发展演变而来，这在雕塑发展史上是一次重大的变革。秦始皇陵兵马俑群和霍去病墓前的雕塑组群，以造型之硕大，数量之多，组合之雄伟，令人惊叹。它们都表现了封建统一初期所产生的雄伟力量。

秦的实用装饰雕塑虽不像纪念性建筑装饰雕塑那样引人注目，也同样充满着恢宏壮丽的时代风格。实用雕塑作品追求实用和美的统一，并向一物多用化方向发展。

由于汉代儒学的宗教化，谶纬神学的兴起，汉代雕塑作品在主题上，羽化登仙、祥瑞迷信等内容占有着极大的比重。这是这一时期比较

兵马俑

突出的时代特点。

汉代的装饰风格可用质、动、紧、味四个字加以概括。质，是指它具有古拙、朴质的特点，但古拙而不呆板，朴质而不简陋；动，流动的云气纹产生多样的变化，生动的飞禽走兽，富有劲健的生命力；紧，满而不乱，多而不散，密中求疏，疏中有密；味，这里指的是它独特的装饰味，即样式化的装饰美。这种美耐人寻味，富有韵味。

汉代的石刻艺术在材料的处理上采用减地法，即保留装饰的图案，剔去图案周围的空间。这是一种省工省料的工艺方法，又可取得良好的艺术效果。汉代石刻的这一手法对后世的各种雕刻及其他相关工艺的发展都有着深远的影响。

秦汉时期是我国各民族历史发展的一个重要时期。这个时期是以汉族为主体的各民族联系进一步加强的时代。各民族间互相融合，各民族的文化相互影响，互相交流。同时，由于社会经济发展的不平衡，各民族都不同程度地保留着其原文化的传统，因此物质文化面貌也仍然或多或少地保存着原有的民族色彩。从现存的雕塑作品看，其题材、风格都有着鲜明的民族特色。特别是在当时的青铜雕塑工艺领域中，各地区各族人民都有自己的创造。很多作品反映了当时各兄弟民族的生活特点和艺术上的民族特色。

从汉代开始，佛教传入我国。东汉末期，我国佛教雕塑开始萌芽，虽工艺不精，形象古拙，但也在这一时期的雕塑艺术领域中注入了一支新鲜的血液。

第二章

秦汉宫殿建筑

2

　　建筑的历史是一条奔流不息的长河，也是一幅无尽的画卷，在中国建筑艺术发展的漫长历史中，曾造成了无数的建筑群体。建筑既是社会的产物，也是历史的现象。翻开中国古代建筑史，秦汉时期的宫殿建筑便是这些建筑群体中一颗璀璨的明珠。

　　秦代、汉代，中国已进入封建社会，生产力有了发展。秦咸阳和汉长安的宫室规模大大地超过了前代，都成为自成体系的建筑群体，不但有供皇帝处理政事的宫殿，而且还有专供皇帝居住和游乐的建筑区。

第一节
秦代宫殿建筑

>>>

宫殿建筑是专供封建皇帝使用的建筑，是古代帝王所建造的最隆重、最宏伟、最高级的建筑物。它们耗费大量人力、物力、财力，集中表现古代人民在建筑技术和建筑艺术方面的创造力，代表一个历史时期建筑文化的最高水平。从春秋战国时代起，一些称雄大国以"高台榭，美宫室"竞相夸耀，形成一股建筑热潮，这股热潮到秦始皇一统天下时达到最高点，使中国古代建筑进入成熟时期。

秦始皇在统一中国的过程中，吸收各国不同的建筑风格和技术经验于一处，以都城咸阳为中心，进行了空前的宫殿建筑活动，后人称之为"六国宫殿"。不仅如此，又建兰池宫、信宫、甘泉前殿，扩建了咸阳宫，史称"咸阳北至九嵕甘泉，南至户、杜，东至阿，西至汧渭之交，东西八百里，南北四百里，离宫别馆，相望连属"其层台筵天，广殿匝地，复道横空，长桥飞渡，覆压关中数百里，形成了一组庞大、气势辉煌的宫殿建筑群。在中国建筑史上是空前的壮举。

秦代最著名的宫殿当属阿房宫及咸阳宫。阿房宫，亦称阿城。始建于惠文王，宫未成惠文王死去。始皇三十五年（前212），秦始皇又开始兴建更大一组宫殿——朝宫。朝宫的前殿就是历史上有名的阿房宫。这次建宫计划在渭南上林苑中，以阿房宫为中心，建造许多离宫别馆。根据《史记》所载："先作前殿阿房，东西五百步，南北五十丈，上可以坐万人，下可以建五丈旗。周驰为阁道，自殿下直抵南山。表南山之巅以为阙，为复道，自阿房渡渭，属之咸阳。"由此可见其建筑规模之庞大。唐朝文学家杜牧在《阿房宫赋》中描写道："六王毕，四海一；蜀山兀，阿房出。覆压三百余里，隔离天日……五步一楼，十步一阁，廊腰缦回，檐牙高啄。"

阿房宫与其他宫殿比较而言，除继承了我国古代建筑木结构、斗拱

秦汉至魏晋南北朝建筑雕塑史

方式外，又独具建筑特点。第一，是集此前宫殿建筑众美于一身，又显现出庞大宏伟的壮观气势。第二，铸十二铜人置于宫前。《长安志》引《三辅旧事》云："秦作金人立在阿房殿前。"这是迄今为止所知以铜像装饰建筑之始。后汉绘刻胡人形象于楹间，当与阿房铜人的影响分不开。第三，阿房宫为高台建筑，依南山为基，层累而上，所以其形制东西阔而南北窄，呈长方形，合理地利用了自然地势，既省工又壮观，是一个创造。与一般夯土成台而后挖作的高台建筑相比，更为合理有效。第四，阿房宫是由多种建筑形式组合的庞大建筑群，殿堂廊庑、园林池囿相隔其间。这种事先有规模的整体建筑布局于当时为诸宫室之冠。东汉的庄园整体建筑布局，多受其影响。阿房宫，不仅是秦代建筑艺术的最大结晶，也是集六国各地建筑艺术之大成，奠定了古代建筑整体布局风格伟奇的特点。

然而，秦末农民起义的烈火吞噬了这座宝殿，秦代人民智慧的结晶、亘古罕见的艺术宝库，竟化为一片废墟。

阿房宫十二铜人（仿）

秦代另一座著名的宫殿便是咸阳宫。咸阳宫是秦朝最主要的宫殿，位于渭水北岸咸阳原的高地上。据近年考古发掘得知，它的营造方式也是先筑高土台子，然后依台建筑多层的楼台宫室，并以上层作主殿，下层为起居室。有的起居室内还砌有甬道，甬道外面还有回廊，各座宫殿之间再用复道相连。宫室的内壁都用彩画装饰，色彩以黑色为主，赭色和黄色次之，这是由于秦人喜爱黑色，认为这种色彩可以使他们兴旺发达的缘故。

复杂的陶制下水道的结构，也是咸阳宫建筑上的一个特点。在考古挖掘中还发现了不少铜制的建筑构件。

另外，有关秦宫建筑颇值得一提的还有集宫室大成之举。据载，秦灭六国后，宫殿也当作是一种战利品。由于中国建筑本身具有可拆性，利用前朝的宫殿材料已经行之有素，于是便将六国宫殿拆了，将材料运到咸阳重建，集诸国宫殿建筑风格于一处。

中国的考古学家对秦代宫殿遗址进行了勘察，发表了一些较为详细

秦汉至魏晋南北朝建筑雕塑史

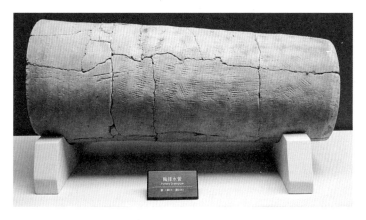

秦代陶制排水管

的资料。根据陶复的《秦咸阳宫第一号遗址复原问题的初步探讨》一文内容，说明发掘研究工作解决了几个问题。第一就是证实了《三辅黄图》所记载，秦代"因北陵营殿"及《史记》所说"令咸阳之旁二百里内宫观二百七十复道，通道相连"是符合事实的，因为其地的确发现了若干宫殿遗址，遗址之间尚有带状夯土连接的迹象。第二就是遗址的情况表示出秦汉时流行的"二元构图的两观形式"的具体情况。中轴线是入口的通道，两宫分左右而立的布局是我们今日不大熟悉的古代宫殿构图，由实测基础而做出来的复原图就产生出十分重要的意义，它给我们带来一种古代宫殿建筑更全面的概念。第三，提供了早期有高台建筑特征的一种宫殿例证，指出了台与整个建筑设计是相结合的，夯土的台是作为建筑体量或构造部分而存在，并不纯然是一个用来放置建筑物的台座。这一来，平面配置和空间组织就转换成了另一种方式，属于整体集中式的建筑了。在建筑上，秦代是一个很有意思的时代，一方面模仿六国宫室，一方面又反传统而开创自己的制式，建立起与周制不同的秦制宫室来。

秦代阿房宫、咸阳宫等宫殿建筑都是大气派的艺术之作，是我国以及世界上的伟大建筑之一，在当时是秦始皇统一中国的历史象征。而在人类历史发展的长河中，它却永远象征中华民族劳动人民的智慧和艺术天赋。

第二节
汉代宫殿建筑

>>>

随着汉代社会经济的发展、繁荣，统治阶级肆意享乐，汉代宫城建筑规模越来越大，特别是武帝时代，又把建筑的热潮推向新的高峰。它的突出表现就是木架建筑渐趋成熟，砖石建筑和拱券结构有了发展。在长安城中，耸立着无数高入云霄的建筑，金碧辉煌，雄伟壮观无比。

西汉是继秦代而起的统一的多民族的封建王朝，当时的疆域辽阔，国力很强。西汉之初，只修建未央宫、长乐宫和北宫，到汉武帝才大建

| 汉长安城未央宫遗址 |

▲ 未央宫是西汉的政治中心和国家象征，是丝绸之路的东方起点，现已发掘了椒房殿遗址、少府的宫殿建筑遗址、中央官署建筑遗址和宫城角楼建筑遗址，出土了数以万计的文物。

宫苑，汉代的宫殿大多继承了秦代的规模。

西汉长安城内最重要的宫殿当属未央宫。关于未央宫，《西京杂记》曾作了细致的描述："未央宫周回二十八里，前殿东西五十丈，深十五丈，高三十五丈。营未央宫，因龙首山以制前殿……以木兰为棼橑，文杏为梁柱，金铺玉户……重轩镂槛，青璅丹墀，左碱右平，黄金为壁带，间以和氏珍玉，风至其声玲珑然也。台殿四十三，其三十二处在外，其十一在后宫。池十三，山六，池一，山一亦在后宫。门闼凡九十五。"这座宫殿与阿房宫一样，利用山势层累而上，虎踞龙首山，坐北朝南，俯临长安城，以显现帝王君临天下的威严。其雄伟壮丽，不下于阿房宫。同样，未央宫也是由一座座宫殿、台榭、楼阁、假山、池泽，围绕正殿，形成一个统一的、布局整齐的建筑群体。

未央宫是大朝所在地，位于长安城的西南隅，利用龙首山岗地，削成高台为宫殿的台基，可见战国时期高台建筑在西汉时期依然盛行。未央宫以前殿为其主要建筑，殿的面阔大而进深浅，成狭长形，是这时宫室建筑的一个特点。

见于《汉书》所载，长安之宫就有未央宫、长门宫等几十座。西汉宫中之殿，数量也多得惊人，以《三辅黄图》所载未央宫的殿名就有金华殿、神仙殿等30座。

西汉宫殿的建筑特点与秦代多有相似，只是壁柱的础石顶部与地面平，大多不埋入洞内，一些不靠墙的柱础正中凹下，柱根置于础凹洞中，可见西汉时上部木结构已能大体保持稳定，它为东汉废弃夯土高台建筑，而代之以大量采用斗拱的木结构楼阁奠定了基础。此时殿中地面铺以方砖为多，但已用漆来漆地，主要是黑、红两色。在建筑中，屋顶不仅画瓦有青龙、白虎、朱雀、玄武四大代表性瓦，还有麟、凤、兔、灵犀等瓦，仪态万方，颇具匠心。图案瓦则以云纹为主，均较秦瓦丰富多彩，而且瓦上多有文字，少则一字，多则十二字，字体或篆或隶，形式或阳文或阴文，不仅实用，而且颇具观赏价值。

东汉迁都洛阳。洛阳宫殿自明帝时大量营建，其中以德阳殿为最，规模不亚于阿房、未央。《汉宫典职》曰："德阳殿周旋容万人，陆高二丈，皆文石作坛，激沼水于殿下，画屋朱梁，玉阶金柱，刻镂作宫掖之好，厕以青翡翠，一柱三带，韬以赤缇。偃师去宫四十三里，望朱雀玉阙，德阳其上郁律与天连。"张衡《东京赋》曾盛赞洛阳宫殿之壮美："逮至显宗，六合殷昌。乃新崇德，遂作德阳。启南端之特闱，立应门之将将。昭仁惠于崇贤，抗义声于金商。飞云龙于春路，屯神虎于秋方。建象魏之两观，旌六典之旧章。其内则含德章台，天禄宣明。温饬迎春，寿安永宁。飞阁神行，莫我能形。"由此便可看出洛阳城中诸宫室之貌。

东汉时期的建筑与秦、西汉有较大不同。基于西汉木结构建筑技术的兴起，大量采用成组斗拱的抬梁式木构架结构，并越来越多地采用砖石，成为流行的建筑形式。此时殿宇的斗拱有实板拱，一斗二升斗拱、一斗三升斗拱等类型，而斗拱中栌斗、散斗的形状也基本定型。柱上和内外檐的枋上斗拱的安装，当时

汉代斗拱

只限于宫殿、宗庙等高级建筑使用。尤其在壁柱的使用上，也能妥善解决转角处的复杂结构。柱形除了方、圆二形外，又出现较多的八角形和诸如瓜棱形、束竹形等，柱础也随之多样化。宫殿的内外修饰与西汉略同，但从整体布局来看，宫中园林池泽的成分更为加大。

东汉的巍巍宫室也难逃噩运。初平元年，被付之一炬。

历史是无情的。一个个显赫一时的王朝覆亡，在历史的长河中永远地逝去了，而一批批为一家一姓所享用的宫殿楼阁也随之化为灰烬。但历史是公正的，秦汉劳动人民的智慧与世长存，他们巧夺天工的创造精神代代相传，在一座座废墟上堆垒起中华民族文明的殿堂。

第三章

秦汉园林、陵墓及都城建筑

3

第一节

秦汉园林建筑

>>>

中国自古以来有崇尚自然、喜爱自然的传统。天人合一的思想占有极大的优势。在师法自然的思想指导下，历史的造园家们以神州大地千姿百态的山川林泉为本源，配以独具风格的建筑，形成了具有中国特色的园林建筑。

我国古代园林是通过人工美和自然美相结合，采用构景艺术手法，以建筑为主要手段，对环境加以改造，创造出布局自由、曲折幽深、充满中国山水诗画意境的观赏与游乐一体的生活环境。传统的园林构景艺术，范围广阔，类型丰富，名称繁多，如有园林、苑囿、庭院、山居、别业、风景名胜等。按设计的意图和实用划分，又有皇家苑囿、私家园林、寺庙园林和公共游憩的名胜风景园区。

秦汉时期，园林成为在圈定的一个广大范围内与宫室紧密联系的综合体，称作宫苑。在宫苑的范围内有天然滋生或人工蓄养的奇花异木、珍禽瑞兽，以供观景、采集或狩猎，离宫别馆相望，曲廊复道相属，宫室建筑群藻饰华丽，成为苑囿的主体。而模仿自然山水，堆山引水，开池置岛，则成为我国园林艺术的主要创作方法和布局方式。只是因为当时神仙思想弥漫，帝王多祈求长生不死，所以园林的意境亦以奇诡谲异为基本的格调。

秦始皇统一六国后，在咸阳渭水之南圈出大片土地作为上林苑，其可谓记载中最早的皇家园林了。苑中离宫别馆相望连属，参差巍峨。著名的阿房宫就建在上林苑内。历史记载的阿房宫"东西五百步，南北五十丈，上可坐万人，"从中可以推想整个上林苑的宏大规模。之后，又在咸阳作长池，引渭水，筑土为蓬莱山，开创了人工堆山的记录。

秦朝灭亡后，这些宫苑仅存在了十多年的时间，便被项羽付之一炬。一千年后，唐代大诗人杜牧写了一篇《阿房宫赋》，其中"五步一楼，十步一阁，廊腰缦回，檐牙高啄；各抱地势，钩心斗角……长桥卧波，未云何龙？复道行空，不霁何虹？"的描写，把历代宫苑的景物都形象生动地概括出来。

| 汉武帝像 |

西汉初年，汉室沿用了秦的上林苑，至汉武帝时大肆扩建。根据史书记载，上林苑占地"广长三百里，苑内养百兽，天子春秋射猎苑中，取兽无数。其中离宫七十所，容千乘万骑……上林苑门十二，中有苑三十六，宫十二，观三十五。"由此看来，上林苑中不但具有供帝王射猎的功能，同时拥有众多的宫室建

秦汉至魏晋南北朝建筑雕塑史

16

筑，具备了供皇帝跸宿游乐等多种用途。从宫观的名称，也可以反映出使用的功能，如望远宫是登高的，宣曲宫和音乐有关，葡萄宫种植葡萄等；称作观的，如观象观、白鹿观、鱼鸟观，应该和饲养观赏动物有关；茧观有明确记载："上林苑有茧观，盖蚕茧之观也。"

上林苑中，还有许多称作池的水域，如昆明池、镐池、祀池等。其中昆明池系人工开凿，方圆40千米，东西两岸分别树立牵牛、织女的石雕像，象征天河两岸的牵牛织女星。

规模巨大的上林苑中，还有一座颇具规模的建章宫。这是一座建筑群宫城，是自成一体的苑中之苑，是汉武帝时所建的最大宫殿。武帝依方士之说，在宫殿范围内开凿了太液池，池中堆土为蓬莱、方丈、瀛洲诸山，以象东海神山，使模仿自然山水的造园方法和池中置岛的布局方式再次得到运用。水中堆出三座神山，形成了后世皇家园林中被奉为经典的为历代仿效的一池三山的皇家园林模式。这一划时代的创举表明，园林活动已局部达到了艺术创作的境地。

西汉建于长安四周的上林苑，奠定了皇家园林的基本内容和形式，已存在了约一百年。西汉末年，王莽曾拆用了上林苑的建筑材料；汉光武帝刘秀迁都洛阳，进入东汉时期，这所规模宏伟、功能齐备的宫苑，就被废弃了。由于上林苑的影响，特别是汉武帝的文治武功，成为后世帝王的楷模，上林苑的"上林"二字，也经常被用来作为皇家园林的代称。上林苑中的景物规制，更是刻意被模仿。如果以1894年清代最后一座皇家园林颐和园建成为皇家园林兴建的终结，差不多整整两千年，汉武帝上林苑的影子一直笼罩着皇家园林，伴随着封建王朝的更替，它不仅在园林建筑史上，而且在政治、经济、文化各个方面，都产生了重要影响。

东汉建都洛阳后，本来作为西汉陪都的洛阳，原有的宫殿就有很大发展，这时又修筑了专供帝王游乐的苑囿、池沼多处，如上林苑、芳林苑、灵囿等。

如果说，皇家园林是与宫殿建筑同步发展的产物，那么，私家园林与居民建筑有着不可忽视的紧密关系。

西汉，贵族、官僚、豪富的私家园林也发展起来，这对我国园林艺术的发展有重要意义，如梁孝王刘武、宰相曹参、大将军霍光等都有私家园囿。茂陵富户袁广汉在北山下筑园，方圆数里，流水注其内，构石为假山，积沙为洲渚，畜养珍禽异兽，种植奇花怪木，重阁修廊，大体亦以皇家园林为标准，只是规模较小而已。至此，传统以崇丽、宏大为尚的造园手法，则开始向精致、小巧转轨。东汉大将军梁冀在洛阳广开园囿，采土筑山，十里九坂，以像二崤，深林绝涧，有若自然，奇禽驯兽，飞走其间，直接模仿洛阳附近崤山的真实风景，又使从前以海山为蓝本的造园思想趋于世俗化。

值得一提的是东汉佛教传入中国，刘庄在洛阳建白马寺，这是中国第一座佛寺，为后来的寺庙园林的产生创造了条件，同时也为其他类型的古代园林，特别是皇家园林，增添了佛教寺庙建筑的内容。

综上所述，秦汉时期为中国古典园林的发生期，尚不具备园林的全部类型，造园活动的主流是皇家园林，其特色是规模宏大、内容充盈，体现着一种笼盖宇宙的气魄和力量。

第二节
秦汉陵墓建筑

>>>

中国古代在长期的奴隶社会和封建社会中，始终很重视人死后的墓葬。陵墓建筑也就随着古代丧葬制度的产生而逐步完备，并带有浓厚的迷信色彩。在这类建筑中，除了房屋本身外，还有众多的雕刻、绘画和石阙文字，它们与建筑融合在一起，充分反映出我国古代陵墓建筑的特色。

古代统治阶级厚葬成风，在坟墓上靡费大量人力、物力和财力。帝王一级称为山陵，这是从秦汉开始使用的词。一般说，陵墓分为地下和地上两部分。地下，主要是安置棺椁的墓室；开始用木椁室，随后出现

秦始皇陵

砖石结构墓室，东汉以后成为地下宫殿。还有一类墓室，由天然山岩中开凿而成；开凿岩墓始见于汉代，但是用于陵墓一级主要是唐代。我国早期砖石结构资料，多数来自古代墓葬，表现出古代对砖石结构在力学和材料施工技术方面所达到的水平；古代墓葬的地下结构较地面建筑保存的更多，其中包含大量古代建筑的形象和雕刻、绘画等方面的资料。

陵墓中空前绝后的宏伟作品，当属秦始皇骊山陵。

秦始皇是我国历史上第一个建立统一的中央集权封建专制王朝的皇帝，他所建立的帝国空前庞大，同时他的陵墓也是空前绝后的雄伟工程，即便在当今之世，也称得上是世界之最。

秦始皇陵，史称骊山，位于陕西省西安市临潼区的骊山北麓，南临渭水，由三层方形夯土台堆加而成。陵体呈方锥形，下层土台约350米见方，上两层逐渐收缩，共高120多米，巍巍然似一座小山。这小山便是体量古今第一的高大、人工夯筑的封土——陵体。陵体四周有重墙相绕，呈南北略长的方形，内周长2.5千米，外周长约6千米。陵体位于内院正中偏南，在东西南三面正对陵体中央设门，北侧是险峻壮丽的华山。陵西部内墙外是守陵官员和侍奉宫人的住处。陵园布局如当时的秦国都城。

那时人相信死后灵魄不灭，生时享有的一切，死后也不能少，这在秦始皇陵的地宫中表现得最为充分。近年来在陵体周围发现有建筑遗址、铜车马、陪葬坑和大型兵马俑等，这使我们对陵和建筑都有了新的认识。《史记·秦始皇本纪》载："穿三泉，下铜而致椁，宫观百官奇器珍怪徙藏满之，今匠作机弩矢，有所穿近者辄射之，以水银为百川江河大海，机相灌输，上具天文，下具地理。以鱼膏为烛，度不灭久之。"从这段文字中，我们可以看出，地宫就是秦王朝的缩影。《史记》所述大部分为地下墓室情况。从现有资料可知，其地宫基本沿用商周以来的四出羡道木椁大墓形式。地面上的陵体高大方整，这种用土垒成的方锥形封土，称为方上。之所以做成方形，一方面是因为它象征着帝王生前居住的宫殿，因而以方为贵，遂成习俗；另一方面可能是因为要使封土形状与方形地宫相匹配，方上是秦汉时期帝陵封土的典型做法。鼎盛时期即在秦汉，秦始皇陵便是其登峰造极的代表之作。陵上广植草木，崇高若岭，给人以庄重威严之感。自此奠定了中国封建帝王陵墓以高为贵，以方为尊的总体格局。

在始皇陵体的周围陆续发掘出了建筑遗址，铜制车马和大规模的兵马俑车阵，有战车 6 乘，战马 24 匹，军士 6 000 余，浩浩荡荡，威武雄壮，是陵墓建筑奇迹中的奇迹。这些兵马俑的出土不仅揭示出始皇陵

| 秦代铜车马 |

的规模宏大与奢侈靡费，也从另一方面反映出秦朝工匠的聪慧才智和高超的雕塑艺术造诣。

汉武帝的罢黜百家，独尊儒术，通使西域，宣扬天人感应，健全祭祀礼仪，使厚葬成风，帝王墓从汉起专称曰"陵"，也逐渐形成完善的制度，陵墓建筑取得全面发展。

高高的坟茔，庞大的陵园，豪华的地宫，奢侈的陪葬，造就了这个空前绝后的宫殿，表明封建帝王的埋葬制度和陵园布局、坟丘形制作为皇权的象征而确立了下来，对后世产生了深远影响。

西汉诸帝自登极次年，即派将作大匠营建寿陵。汉袭秦制，大多数帝陵均模仿秦始皇陵。封土为方形平顶陵台，称方上，高达40米，四周有土城，四面正中有阙门，占地7顷（约46万平方米）。陵墓高大，四方对称，如丘似坛，神圣庄重。地宫的地圹在方上之下，称方中，埋深约43米，为四出羡道土坑式木椁墓，被视为墓葬中最高等级的形式。墓上覆有高大封土，11座帝陵中有10座都是平地起冢筑成方上，高大如山；其中有9座分布在渭河北岸的咸阳原上，景象壮阔，引人注目。规模最大、保存最好的是位于兴平市内的汉武帝茂陵，武帝在位54年，

| 茂 陵 |

茂陵营建长达 53 年,其方上高达 46.5 米,底约有 240 米见方。整个封土堆呈覆斗形。据文献记载,陵上建有高墙、像生和殿屋,而现在的方上顶部也残留有少数柱础。方上的斜面也堆积了很多瓦片,由此可知,当年确有建筑。据考古勘测,茂陵坟丘东南一千米的汉代建筑遗迹出土了很多建筑构件,如带有四神图案的空心砖、青玉铺首、琉璃壁等,其中一枚完整的瓦当上分内外两圈有"永安中正""与民世世,天地相方"的字样,证明是寝殿废墟。在帝陵之西有后陵和陵园,还有婕好及贵戚勋臣的陪葬墓等。有的在陵园附近建有宗庙和陵邑,形成庞大的帝陵建筑群体。

西汉诸帝陵中以霸陵最为节俭。它形式独特,凿山为室,不起封土,开创了因山为陵的先例。

从汉代开始,阙也建造在陵墓前,现存著名的石阙,如冯焕阙、沈府君阙等,这种阙虽不及宫阙与城阙那样高大,但从那雄浑饱满的形体中,仍能体会到一种古朴深沉的气势。

东汉时期,帝陵的规模比以前缩小,陵体一般不及西汉帝陵之半。其四周不设垣墙,以"行马"代之,四面正中有阙门,称司马门。现存东汉帝陵中,以光武帝的原陵规模最大,陵墓呈圆锥状,外绕方形垣墙,各面正中有门。汉代帝陵已形成对陵体为中心的平面布局形式,正南接有简短的神道,使总体平面有了新发展。

汉代墓室多采用大量砖石,使砖石结构的陵墓得到了发展。

地下砖石墓室,前期多为简单的长方形平面,而后期平面由前室、中室和后室三部分组成。有的还在前后左右附以多个耳室。墓室增多,轮廓复杂多样。在墓室顶部构造上有板梁式、斜撑板、多边拱、叠涩覆斗藻井或穹隆顶等形式。结构合理,施工精细,坚固耐久。

秦汉以来,陵基不但在平地上建高大的陵体,而且在陵前开始出现石像生。但至今未能得到这方面的完整实例。霍去病墓上的石雕为中国陵墓建筑中的首例。

总之,秦汉以来,陵墓建筑形成了地上和地下建筑相结合的群体。陵体由大到小,神道由短变长,陵前列有石雕和石建筑,是这个时期陵墓的发展特征,秦汉的陵墓规模、气派可谓空前绝后。

第三节
秦汉都城建筑

>>>

城市是人类历史发展到一定阶段的产物，恩格斯曾经指出："在新的设防城市的周围屹立着高峻的墙壁并非无故，它们的壕沟深陷为民族制度的墓穴，而它们的城楼已经耸入文明时代了"。这也就是说，城最早是作为军事防御工程而产生的。它的出现是人类社会迈入文明时代的标志之一。秦汉时期城市的数量大大增加，达到了前所未有的程度，城市建筑规模继续发展。

前 221 年，一代帝王秦始皇结束战国以来封建诸侯长期割据的局面，建立了一个以咸阳为首都的幅员辽阔的统一国家，从此中国历史翻开新的一页。

秦都咸阳，自秦孝公十二年（前350）秦由栎阳迁都后的143年间，始终是秦的都城。到前221年秦始皇统一中国后，又在咸阳大肆扩建，除了渭北原有的咸阳宫外，又把卞国的宫殿写仿于渭水北岸的高地上，在渭水之南的上林苑中建造了宗庙、兴乐宫、甘泉前殿、阿房宫、骊山陵等，在咸阳附近100千米内，宫殿达270多处。

迁徙富豪十二万户于咸阳。可以想象当时咸阳城及其宫苑的规模是十分宏大的。

秦都咸阳的城市布局是有独创性的，摒弃了传统的城郭制度，采用不对称建筑群体组合形式，因地制宜，依山就势，削山坡为土台；沿山边筑城郭，基本上是按自然地势发展起来的；在规划上冲破了战国时各国王城及国都洛阳以宫室为中心的规划思想。

但是，秦末的战火，将古都咸阳化为灰烬。汉刘邦建立汉朝，并定都长安。

汉长安城是我国历史上第一座规模宏大，并将皇宫、官署、居民区、市场等分别安排在一定区域的城市。

汉长安是在秦咸阳原有的离宫——兴乐宫的基础上建立起来的。其后，汉高祖又建造了未央宫，作为西汉长安的主要宫殿，由兴乐宫改成的长乐宫则供太后居住。长安的城墙到汉惠帝五年才修筑起来。汉武帝时在长安大兴土木，扩建宫殿，苑囿、明堂、坛庙等建筑，使长安的建设达到极盛时期。东汉洛阳是在东周的基础上扩建而成的，城内广布宫殿楼台，主要建筑南北二宫雕梁画栋，金碧辉煌，北宫主殿德阳殿据说能容纳万人，台阶高2丈（约6.66米），并用有花纹的石头筑坛。

秦汉城市的整体布局，大致有如下组成部分。

1. 城垣

城市的四周，围以墙垣。城垣一般用黄土版筑而成，其高度和厚度视城市的大小各有不同，据考古勘测，汉长安城的城墙基部宽16米，残存城墙高处为8米。洛阳汉城的城垣宽度在14米到30米之间，残墙高达5～7米。四面城墙各有若干城门。长安汉城每面各有三个城门，共有城门12个。洛阳汉城亦有12个城门，一些规模较小的城市，每面城墙则有一两个城门。城门之上往往建有高大的城门楼。城垣外一般有护城河绕城环流。修筑城垣，需要花费大量劳力，据《汉书·惠帝记》载，长安城四周城墙的修筑前后用了5年时间，其间曾多次征发十几万人筑城，每次历时30天。在筑城技术方面，秦汉时期有一些新的发展，例如汉代古城在城墙外壁增筑了向外突出的敌台，在城门之外加筑了瓮

西安汉长安城城墙遗址

城。这两项措施使城池的防御能力得到增强。

2. 宫殿及官署

秦汉时期的城市布局，大多以宫殿或官署为中心。为体现封建皇权的威严，都城之内专门建有气魄宏伟、格局庄严的宫殿区。宫殿区四周筑有宫墙环绕。这些宫殿的规模和所占面积之大，突出说明了它们在城市布局中的中心地位。长乐宫和未央宫是西汉长安城内最主要的两个宫殿区。据考古勘测，未央宫的宫墙周围近9千米，长乐宫宫墙周围超过10千米。仅这两处宫区，即已占据全城面积的二分之一。东汉洛阳的宫城位于大城中北部，约占全城面积的十分之一左右，是城内的中心建筑区。郡县治所和诸侯王府所在的城市，情况大致相同。例如上谷郡宁县是东汉护乌桓校尉幕府所在地，在内蒙古和林格尔汉墓壁画中的宁城地图上，可清楚地看到，护乌桓校尉幕府位于宁县城内西北部，占据了整个县城的绝大部分。

3. 街道

有关秦汉都市的街道状况，史籍中只有一些零星记载，如"长安城中八街九陌""洛阳二十四街"等。据考古勘测，汉长安城内有8条主要大街，均与城门相通，各条大街由3条并列的道路组成。中间较宽者应当为皇帝专用的驰道。在对洛阳汉城街道的勘测中，共发现东西横道和南北纵道各4条。其中最宽者达50多米，最长者残长4千多米。这些发现，弥补了史料的不足。在秦汉都城和宫殿外，还修筑有专供皇帝使用的复道，在这种道路上行走，可观察到附近的动静而又不被道外的行人发觉。复道还可跨越其他道路，凌空设在两座建筑物之间，类似今日之人行天桥。这是我国古代城市道路修筑史上的重要成就。

4. 市场

城市的商业区称为市，一般集中在城内特定区域，与宫殿区、住宅区严格区分开来。市场周围有墙垣，并有市门以供出入。这种市场的门垣之制，在汉代画像砖上多有反映。

5. 住宅

城内住宅区以闾里为单位，长安城中有160闾里。都市是官僚贵族、豪强巨富聚集之处，他们在城中"缮修第舍，连里竞巷"，占据着住宅区域的绝大部分。除豪华的私家府第之外，都城还建有大批王邸、诸侯邸、郡邸等。

6. 城郊建筑

当时的城市建筑，已突破了城垣的局限，开始向城郊地区发展，如著名的西汉建章宫就建在长安城垣之外。在长安汉城的南郊还先后发现了当时的礼制建筑遗址十余处。规模宏大的皇室苑囿，一般也建筑在都城附近地区。

秦汉时期以宫室为主体的都城建筑和规划，对后世都城的建筑有着很大影响。

在此，有必要介绍一下秦汉长城。长城始建于战国时期的修筑，是军事设施上的一大进步，也就是把防御地区从单个城市扩大到大片国土

| 敦煌汉长城遗址 |

 敦煌境内北端现存除碱墩子至马迷土的汉长城干线外，还有玉门关至阳关、阳关至党河口、马迷土至弯腰墩的汉长城支线。随着两千多年岁月的流逝和风雨流沙的破坏，部分长城被夷为平地，多半长城保存下来。其中玉门关西面党谷隧一带的长城保存较好；地基宽3米，残高3米，顶宽1米，为我国汉代长城保留最完整的一段。

疆域，把城市的围护墙垣建筑到了险要关隘、江河峻岭之巅，从消极被动防御转为积极主动防御。利用人为工事与天然屏障相结合，御敌于国门之外，使之不能恣意横行于国土之中。长城是墙垣，城堡和烽火台相结合的统一体。

秦代万里长城西起甘肃临洮，沿黄河到内蒙古临河，北达阴山，南到山西雁门关、代县、蔚县，与赵国北长城相接，又经张家口东达燕山，连通燕国长城，经玉田、锦州至辽东。汉代加修的两段长城及亭障经过甘肃敦煌一直延伸到新疆境内，东段则经内蒙古的良山、阴山、赤峰东达吉林境内。

秦长城因年久颓废，如今仅残留部分遗址。汉代长城也留有遗迹，文献记载它的城堡与烽火台由城墙串联，连属相望，规模十分宏伟壮观。

秦、汉长城的修筑，采用了因地制宜，就地取材、固材、筑造的方法，在黄土高原，就用土板筑。如甘肃临洮残存的秦长城，全用黄土板筑，下部宽 4.2 米，上部宽 2.5 米，残高 3 米左右。在有土石的地方就用黄土夹杂少量碎石构筑、夯紧捣固，夯窝很小但墙体异常坚固。在沙漠地带，用沙砾与红柳或芦苇层层叠压，甘肃玉门关一带的汉长城即如此建筑，墙垣残存高度还有 5～6 米，层次清晰可辨。在无土之岩上，就垒石为墙，如赤峰附近的墙段便是石块垒成，底宽 6 米，顶宽 2 米，残高 2 米。一般山岩溪谷则用木石建造。当然，汉长城的规模更大，其城垣与烽火台的规模都远远超

| 秦代长城石 |

过前代，而古籍记载"五里一燧（即烽火台），十里一墩，三十里一堡，百里一城"就宛如珍珠穿缀在丝线上，把长城串成一个整体。

今天，当我们乘坐飞机从空中俯瞰这蜿蜒于山河之间长蛇般的人造工程，当我们跨上骏马驰骋草原上远眺天际线那雄伟而壮观的墙垣、城堡、关隘，此时此刻不得不产生敬佩的感觉，不能不对这浩大而壮伟的工程感到惊讶。

第四章

秦汉建筑装饰雕塑

秦汉时期的雕塑艺术与建筑艺术有着密不可分的关系。从某个角度讲，雕塑艺术以多变的技法，迥然不同的风格，特有的艺术语言，装饰、美化着建筑艺术；而建筑艺术，又为雕塑艺术提供了广阔的创作和展示空间。

秦汉时期的瓦当、画像砖、画像石是当时富丽堂皇建筑的装饰雕塑的遗存。通过瓦当文字，我们不仅可以判断建筑物的时代，也可以确定秦汉宫苑、陵殿的地理位置。我们还可以通过画像砖、画像石知道汉代的高门华屋以凤鸟等雕塑形象作为屋脊装饰是普遍的现象。秦汉时期建筑装饰雕塑向我们展示了一个小小的社会缩影。

第一节
瓦 当

>>>

　　瓦当俗称瓦头，是指筒瓦顶端下垂的特定部分，它有圆形和半圆形两种，是我国古典建筑中的一种特有的雕塑装饰物。它主要起着保护屋檐，防风雨侵蚀，延长建筑物寿命的作用。

　　瓦当是没有色彩的灰暗色陶制品，不像玉石那样晶莹剔透，又不像青铜器那样华贵高雅，但它留给人们的是一种朴素美和装饰美。

　　在三千多年前的西周时期，建筑物上就已经出现了瓦当，战国取代西周以后，由于社会的变迁，古器物上的装饰纹样也呈现出了很大的变化，原本严肃拘谨的饕餮纹等均被奔放活泼、富有生气的主题所替代。瓦当上的纹饰，不仅反映了社会的变迁，而且图案中的鸟、兽、虫、鱼也多趋于写实，加之来源于青铜器皿、蜕变自夔纹的云纹和龙凤纹，从而形成了自己固定的风格。

　　附有精美纹饰和富有一定寓意的文字瓦当是一种独特的艺术品，它是秦、汉两代的艺术瑰宝，它和商、周青铜器一样，属于具有时代性的特殊产物。由于秦、汉是使用瓦当的鼎盛时期，所以，"秦汉瓦当"成了专门的名词。这个时期的瓦当的发展大体上是经过"图像瓦当—图案瓦当—文字瓦当"这样一个序列，其中秦代多为图像瓦当，汉代多为文字瓦当，图案瓦当贯穿于秦、汉两个时代。正是因为瓦当是强烈反映时代艺术风格的建筑装饰物，通过瓦当上的图案和文字，我们可以从中获得多方面的知识和艺术上的享受。

| 秦代遮朽勾头 |

秦代的瓦当多为图像瓦当，其中不乏动物纹瓦当、植物纹瓦当、辐射纹瓦当、房屋建筑纹瓦当、"S"纹瓦当、几何纹瓦当。更多的则是云纹瓦当。

一、动物纹瓦当

这一类型的瓦当数量较多，当面上涉及的动物有夔、鹿、虎、豹、獾、蟾蜍、鱼等。仅鹿纹瓦当上鹿的姿态就有立鹿、卧鹿、奔鹿等，把鹿的戒备机警性、身躯灵巧性，活脱脱地勾勒了出来。

（一）夔纹瓦当

此瓦当在陕西秦始皇陵出土，形状为大半个圆形，高48厘米，面径60厘米，边轮宽2.5厘米。因形制特大而号称"瓦当王"。当面夔纹

| 秦夔纹大瓦当 |

🔺 此品为秦代陶器，属建筑材料。在秦始皇陵寝殿遗址发现的夔纹瓦当呈大半圆形，背面带有残长32厘米的半圆形筒瓦，瓦当正面以夔纹为饰，线条方折刚劲充分传达出秦帝国雄强宏大的审美观。是认识整个陵园规模的直观物证。现收藏于秦始皇帝陵博物院。

呈对称状，其中的夔龙独角卷曲，张着大口，充满着威严和恐惧感。

（二）斗兽纹瓦当

此瓦当的当面展现在人们眼前的是一幅人与怪兽搏斗的画面。形体庞大、跳跃翻腾的怪兽，与瘦小单薄但不失机警、灵活的猎人形成了鲜明的对比。既表现出怪兽的凶猛和不可一世，又突出了猎人的勇敢和正义战胜邪恶的信念。

（三）虎雁纹瓦当

此瓦当当面是一只虎和一只雁相角逐。画面是以善于飞行的大雁来衬托奔虎之快作为大手笔，但也不失其画龙点睛般的对细小处的描述。尤其是竖直微卷的虎尾，钩状的利爪，发达的腿部肌肉，将老虎在扑食瞬间的矫健身躯淋漓尽致地表现出来，和大雁上下翻飞，不畏惧强敌并与之周旋的场景，使人感到有一种不可言表的动态感。

（四）凤纹瓦当

此瓦当当面共有一大四小五只凤鸟。其中的大鸟像是在引吭高歌，又像是扇动着翅膀和子女们在一起散步，更像是用它的翅膀保护着四只小鸟，使之不受外来敌人的伤害。整个画面充满着母爱和恋子之情。亦称"子母凤鸟瓦当"。

二、植物纹瓦当

秦的植物纹瓦当与动物纹瓦当相比较，不仅种类少，而且数量也少。当面上的莲花瓣纹、菊花纹、花苞纹、树叶纹等运用了写实的手法，强烈地反映了当时人们对所要描述的对象，由此及彼、由浅入深的观察，使我们现在看来都有一种认同感。

（一）莲花瓣纹瓦当

此瓦当当面的莲花栩栩如生，其中花瓣、花蕊、花芯错落有致，疏密适中，加上宽窄适度的边轮，

莲花纹瓦当

展现出了瓦当的整体美。

（二）花苞纹瓦当

此瓦当当面的花朵含苞待放，圆圆的当心内四枝花朵，用十字双界格开。瓦当的设计者还运用我国图案结构中的传统手法之一——对称来构思，使当面既庄重大方，又富有生气。

三、房屋建筑纹瓦当

此瓦当仅见一例，可谓不可多得。当面呈现一木结构的建筑图案，这可能是当时房屋构造的真实写照。屋顶为人字形两面坡，起正脊，檐头有瓦当，檐下有立柱，柱头上有斗拱，上承檐檩，檩上置椽。未见檐墙和山墙，屋内有物，屋外有树。

总之，秦代的瓦当内容丰富，构图趋向饱满，风格益加华丽。可以概括为：秦瓦当注重纹饰变化；当面小而不规整，边框、凸心、花纹图像的安排颇具匠心。图像着重写实。

汉代的瓦当也有图像瓦当，其中尤以青龙、白虎、朱雀、玄武四神瓦当，最为出色，最为优美。另外，还有蟾蜍玉兔纹瓦当、云纹瓦当等。如果说瓦当上的画面形象只是一种隐喻，那么文字瓦当的出现，就更加坦白、明显地表达出当时人们的意识和愿望了。并且人们还不失时

|汉代凤鸟纹瓦当|

机地把这种愿望在建筑装饰雕塑上具体地客观地反映了出来。

文字瓦当有以宫殿为内容的，如蕲年宫瓦当、棫阳瓦当、鼎湖延寿宫瓦当、黄山（宫）瓦当、平乐宫阿瓦当。以及字体各异，汉代各宫多用的"宫"字瓦当。有以吉语为内容的瓦当，如延年益寿瓦当、永受嘉福瓦当、长生未央瓦当、华相宜瓦当等。还有以私人祠堂、墓冢、庄园、兽圈、仓庾所用之瓦当。汉文字瓦当以不等的文字字数，构成了不同的内容。文字瓦当的书体有秦篆也有汉隶，体现了承上启下，脉脉相通的风格。

（一）白虎瓦当

白虎瓦当是四神瓦当之一，为未央宫西方殿阁所用之瓦。该瓦当在不大的环形空间里巧妙地安置了一只咆哮嘶鸣的猛虎，它的姿态虽然凶猛，动作却协调灵活。瓦当中间的凸起的乳心紧紧地抑住虎的脊背，迫使昂起的虎头几乎与上翘弯曲的尾巴连在一起。使之整个当面形神完美，流利舒畅，富有生机。

（二）蕲年宫瓦当

此瓦当篆书四字结构疏密得体，笔画苍劲有力，是汉蕲年宫用瓦。蕲年宫始建于秦惠公时期，是秦始皇加冕施礼的宫殿，非一般性的寝宫。蕲，求福也，蕲年的意思为祈求丰年。汉代的蕲年宫是汉承秦制的产物，是在秦蕲年宫的基础上改建的。

（三）便字瓦当

汉制各帝陵大多建有便殿。此瓦当为便殿用瓦。在该瓦当边轮内，云纹的中间有一阴文的"便"字，这在当时文字瓦当普遍使用阳文的情况下是不多见或者说是仅见的。

（四）长生未央瓦当

此瓦当文字为篆体，顺时针环读成文，边轮较宽，"长生未央"四字被以乳心为中心的放射形双格界分开。"长生未央"为汉代通行的吉祥语。

（五）巨杨冢瓦当

此瓦当文字为篆体顺时针环读成文，边轮特宽，是汉代杨姓贵族冢墓祠堂所用之物。

（六）六畜蕃息瓦当

此瓦当文字为篆体，逆时针环读成文。中有乳心，为西汉兽圈所用之物。

（七）华仓瓦当

此瓦当文字只有两个，华仓是汉代设在华阴的京师仓的别名，是西汉时仓庾所用之物。

总之，汉代的瓦当题材广泛，构图紧密配合建筑的造型，巧妙而多变化，塑造手法简洁朴素，爽快利落。可以概括为：纹样以变化万千的如意状云纹为最常见，四神瓦当中的动物，都作侧面浮雕形象。汉瓦当还特别注重文字内容的变化，当面大而规整，图像比较抽象。

第二节
画像砖

>>>

秦代至西汉初期，画像砖作为建筑物的构件多用于装饰宫殿府舍的阶基，西汉中期以后，主要用于装饰墓室壁面。到了东汉时期画像砖艺术达到了鼎盛时期。画像砖作为一种装饰，在墓内一般是嵌在墓道或墓室两壁的半腰上。画像砖较之画像石内容更为灵活自由，艺术性更强，分为空心砖和方砖两种。花纹多为模制。秦代的模印法，是在砖坯未干时，用预先制成的印模捺印而成的，花纹凸起。汉代的模印法是用模印出砖的上、下两面及前、后两侧四片泥坯上的花纹，然后加以黏合，两头再加封泥片，并各开一孔，以便烧制。边饰多采用几何纹，中间饰以人物、动物、建筑物等纹样，也有在中间模印方格形的连续纹样的。方砖，为实心小型砖，每块砖为一独立画面，或几块砖为一组表现出一定的主题内容。四川所出的方砖，均为汉砖，也采用模印法，即用刻有画

| 汉代画像砖 |

像图形的花模，压印在半干的土坯上，再入窑烧制。花纹一般形成浅浮雕的效果。

画像砖虽然在秦汉时期就被人们大量的制作出来，并利用于装饰宫室、府舍的阶基和墓室，但是被人们认识并引起重视则是在清代末期。大量的出土并加以科学整理则是在中华人民共和国成立以后。秦代的画像砖的出土地点多在陕西省境内，主要有临潼、凤翔、咸阳、兴平等地。如出土于凤翔，现藏西北大学的秦代宴享纹画像砖，画面分六层，表现宴请宾客的场面：左侧一长颈壶，中间二贵族人物相对而坐，间有食器，右侧一人似为侍者，为空心画像砖，用印模捺印法制成的。再如现藏于陕西省博物馆的饰有狩猎等图像的空心砖，砖面使用多种印模，捺印出侍卫、宴享、苑囿景色及狩猎四种画像。整个画像砖，构图洗练，刻画生动，是迄今发现秦代画像砖的代表作。汉代画像砖的出土地点较之秦代画像砖出土地点要多一些。主要有河南、山西等中原地区和四川省。河南省是以南阳地区、新野县为主；四川省则以成都地区为主。最具特色并具代表性的是成都凤凰山出土的戈射收获画像砖。

秦汉时期的画像砖突破了西周以来造型艺术上的许多程式的束缚，其中现实主义的写实作风与夸张的技法并用，艺术造诣较高，充分反映了时代特色。

秦代的画像砖是用模印和刻画两种方法制成的，形状分为大型空心砖和扁方的实心砖两种。空心砖的制作大多使用模印法。如相传西安东部出土的龙纹空心砖，模印砖正面及上侧面中央饰二龙穿壁纹，上下两边附有凤鸟及灵芝，右侧饰走龙一条。整个画面丰满朴实，古拙厚重，龙凤的形象，庄严神秘，飞扬流动，气势雄浑。又如陕西咸阳秦一号宫殿遗址出土的空心砖，有龙纹、凤纹、几何纹等印纹纹饰。凤纹砖上的凤有立凤、卷凤和水神骑凤等。其中一块凤纹砖的砖面是卷凤纹，整个画面妙不可言，把凤凰变化成漩涡形的图案，加强了装饰效果，使凤凰显得矫健活泼，优美多姿，充满了非凡的活力和浪漫的情趣。在采用模印法的同时，制作空心砖偶尔也用刻画法。如相传在陕西省咸阳秦宫遗址出土的刻画着龙凤图像及人面鸟身、珥蛇佩壁的水神，整个画面线刻流利生动，给人以耳目一新的感觉。

秦代的画像方砖也采用模印法，就是在实心素面的方砖坯上，用花模印花进行装饰，常见的有菱形纹、方格纹、回纹、卷云纹、三角云纹、"S"形纹、圆壁及绳纹、粗布纹等多种。

汉代的画像砖，艺术性较高，有空心砖和方砖两件。汉代的空心砖又称圹砖，是一种大型的长方形陶砖。如西汉初期的侍卫瑞壁纹画像空心砖，砖面中央为铺首图案，左右两侧模印着亭阙侍卫及绶带壁瑞，侍卫双手捧盾，状貌威武，庄严；上、下边框部位印有鱼龙嬉戏及菱格纹图案。有的空心砖在砖的中区或上下方，用方块模印作棋格状或连续花纹，一种花纹用同一模印出。花纹作阴线状。如西汉中期的辎车画像空心砖，上下各饰一排小模印辎车图中，有一马驾辎车，驭手一人，华盖下坐一人，瓦中部为斜向四方连续方形图案，四角乳丁，内为太阳纹。

同时空心砖也有表现主题内容的，如东汉时期的戏车画像空心砖，此砖由右至左，近处一骑者肩旗导行，缓辔前进，似为戏车的前引。远处一骑者飞马回首，弯弓遥射，或为马戏之一种。两骑之后，即为戏车上履索倒挂的综合杂技表演场面，戏车有前、后两乘，各一马一橦，车中二人，一为驭手，一为乘伎。前一戏车，马仰天嘶鸣，飞驰向前。车中橦木，顶端置横木，横木右端一伎倒挂，两臂平端，掌心向上，两掌心处各置一个如拳头大小的圆球：左手托一伎，叉腰半蹲在掌心的圆球上，情态悠然；右手托一伎，单足着掌心圆球，一腿抬起，两臂向上微曲，轻松自如，似金鸡独立状。后一戏车，马昂首疾走，车中橦端蹲一伎，两手向两侧斜伸，右肩微耸，左手紧握索头，索的另一头握在前车

| 东汉辎车画像砖 |

乘伎的手中，二人遥相注目，协力一致。从马的动态看，前车速度高于后车，后车驭手仰首望索，紧勒马缰，控制车速，使两车间软索始终保持斜直线状态。令人惊叹的是，斜索中段，有一人上身赤裸，下穿宽裤的履索伎，正向上履步，两臂自然摆动，保持身体平衡，由于所履的索绳是两车联索，斜向上下，且又流动，其难度大大超过地面平索的技艺。这组飞车联索上的杂技艺术，堪称汉代舞乐百戏之精粹。

汉代建筑中的铺地砖有一部分是经过模印几何花纹之后，再入窑烧成的。汉画像实心方砖与它有异曲同工之处。最具代表性的要属四川成都一带出土的东汉后期的画像砖。其画面一次模印而成，构图灵活不呆板，完整生动。内容除少量神话故事之外，绝大部分刻画的是现实生活，其中既有表现墓主生前地位的门阙仪卫的，也有表现车马出行，经师讲学，宴饮观舞等场面的。还有著名的收获砖、井盐砖、桑园砖、采莲砖，以及丸剑舞乐砖、庭园砖等。如《四骑吏棨戟画像砖》，画面为四骑吏策马奔驰，骑吏皆头上着帻，腰间束带，佩有箭弓，持棨戟。四马皆断鬃结尾，头有彩饰，马匹在吏人驾驭下姿态特别生动，有的昂首

| 东汉观伎画像砖 |

长鸣，有的低头奋进，有的扭颊摆头，有的急步紧跟。又如《讲学》画像砖，画面为汉代经师授徒的场面。榻上老师凭几而坐，头上方置遮灰的承尘，生徒居于席上，手捧简册，分列左右。居中一人面向老师，似正在回答问题，其腰间还挂着刮削简册用的书刀。这块砖的题材虽说算不上惊奇，更趋于平淡，但从构图上显示出了场面的空间感，又显示出了同时代作品中不多见的东西，这就是在描写不同的人的形象时，采用了正面、侧面、背面的角度变化，从而体现出人物的地位。再如风格清新隽永，乡土气息特别浓郁的《采莲画像砖》，画面水塘中莲蓬亭亭，鱼蟹、水鸟、田螺满塘，左下边还有一只蜻蜓仁立于莲叶上，采莲者操舟来往其间。这是一幅优美的劳动图，也是一幅绝妙的风景画。

综观秦汉时期的画像砖，如实地保存了当时社会的真实面貌，所描写的社会景象具有广泛性，形象具体地反映了当时的政治、经济、文化和社会的各个层面，可以说其不但继承和发展了我国早期的造型艺术的优良传统，且开启了魏晋的雕塑、绘画艺术的发展之门。

秦汉至魏晋南北朝建筑雕塑史

第三节
画像石

>>>

　　画像石是我国古代以石材为载体，刻有一定主题内容的石刻装饰雕塑。这种画像石有的刻在石碑上，有的刻在石阙上，还有的刻在石室内，但是更多的画像石是出自墓室内。

　　画像石起源于西汉时期，盛行于东汉，汉画像石是它特定名词，其产生的历史背景是社会经济的飞速发展，厚葬风气的盛行，以及根深蒂固的艺术渊源。汉画像石内容广泛，丰富，其中有传说时代的古帝王像，有在民间广为流传的历史故事和神话故事，但是更多的还是有关人们衣、食、住、行等社会生活方面的画像。我们可以通过一幅幅构图严谨，风格古朴的画像石来研究汉代社会的政治、经济、思想、文化、艺术、科学技术等诸多方面的发展历史。同时还可以"石"证史，弥补史料记载之匮乏。汉画像石主要分布在我国的山东、河南、四川、江苏、陕西等省。由于画像石所在的地区不同，时间早晚也不尽相同，又由于文化水平及人们生活习俗的差异，因而各自具有明显的时代特点和不同的艺术风格。

| 东汉画像石 |

山东南部和江苏北部出土的画像石数量最多，题材内容也最广泛，表现手法也多种多样。有纯绘画性的阴刻，有阴线刻画形象的减地平雕，有"压地隐起"的薄肉雕，有阴线刻与主体造型相结合的浮雕，以及高浮雕和透雕，其中阴线刻与立体造型相结合的浮雕形式占绝大多数。河南南阳一带的画像石，以东汉中期为最多，常见的浮雕手法有两种：一是形象凸起，以阴线刻画细部，将形象以外空地凿低铲平；一是先以粗阴线凿出形象的外轮廓，再以细阴线刻画五官、衣褶等细部，形象以外的空白处凿以或竖或横的平行条纹以衬托形象。南阳画像石以粗犷有力著称，它特别善于抓住人物或动物最具有特征的形体、姿态、动作的瞬间美，并善于处理人与兽之间或野兽与野兽之间的冲突搏斗，多运用夸张的手法，造成令人观之惊心动魄的强烈效果，突出地体现了汉代艺术所共有的深沉雄大的时代风貌。四川地区的汉画像石，除用以构筑墓室之外，多见于崖墓、石棺和石阙。四川画像石年代一般属于东汉中、后期。其雕法，崖墓画像多采用浅浮雕，兼刻以粗率的阴线，形象古朴而生动。艺术风格大致与河南南阳画像石相仿。陕北地区的画像石，以绥德为最多，此外在米脂、榆林等地也有发现。年代一般属于东汉中期。其内容多以反映农、牧业生产和狩猎活动的画像石。其雕刻方法，大多为减地平雕，凸面不刻阴线，如影画效果。江苏的徐州地区的画像石，年代多属东汉时期，刻法多为减地平雕兼阴线刻。有的石面粗糙而不平整，类似浮雕，其艺术风格，与山东南部的画像石基本相同。

一、山东地区的画像石

山东地区的画像石，在西汉晚期到东汉早期，只有少量实物，画面多简洁疏朗。东汉后期则是它的鼎盛时期。其内容丰富，画面复杂，题材繁多。有反映社会现实生活的，如农业劳动中的耕地、耙地；手工业劳动中的织布、冶铁；百戏中的乐舞、杂技、武士格斗。又如庖厨中的炊爨、切割、和面，以及狩猎、捕鱼等。有描绘历史人物故事的，如帝王将相、圣贤人物、高士、烈女、孝子等。还有描绘自然景物的如日、月、星、云、草木等。更有图画祥瑞、神话故事，如伏羲、女娲、西王母等。以上画像石,以反映社会现实生活的占绝大多数,表现神话故事、祥瑞、仙人的也占相当一部分;描写历史人物故事的,主要在有数的几个大墓或祠堂之中。

（一）凤凰刻石

这是目前发现最早的画像石,在山东沂水鲍宅山出土。石上刻有"元凤""三月七日""凤凰"等榜题刻字。画面为阴线刻成的两只简率的凤凰。元凤即汉昭帝元凤年间。可惜的是原石已失落。

（二）武氏祠画像石

武氏祠在山东嘉祥县武宅山北麓,坐南朝北,是武氏家族墓葬祠堂的总称。早在宋代即为金石学家所重视,并著录于北宋赵明诚的《金

《金石录》

▲《金石录》共三十卷,先由宋代赵明诚撰写大部分,其余部分由其妻李清照完成。《金石录》一书,著录他们所见从远古三代至隋唐五代以来,钟鼎彝器的铭文款识和碑铭墓志等石刻文字,是中国最早的金石目录和研究专著之一。《金石录》前为目录十卷,后为跋尾二十卷,考订精核,评论独具卓识。

石录》，该书卷十九中云："武氏有数墓，在今济州任城。墓前有石室，四壁刻古圣贤画像，小字八分书题记姓名，往往为赞于其上。文辞古雅，字画道劲，可喜，故尽录之，以资博览。"武氏祠在元代至正四年（1344），遭受特大水患，遂被湮没地下。到了清乾隆五十一年（1786）九月，浙江钱塘人黄易官济宁运河同知时，亲历其地，主持发掘，武氏祠方才重见天日。武氏祠包括四个石室，即武梁祠（在石室右）、武开明祠（武梁之弟，在石室后）、武班祠（武开明长子，在石室左）、武荣祠（武开明次子，在石室前）。祠主武梁，字绥宗，曾任州从事，卒于东汉桓帝元嘉元年（151），终年74岁。画像石是用平面剔地法，即保留下图像的石面，又将空余的部分用浅刻剔去。它还采用了多层次构图的处理方法，各种物像多作正侧面的描写，装饰性极强，画像石在50块左右。刻石年代在东汉桓帝建和元年后的几十年间。这些石室内的画像内容包括荆轲刺秦王、孔子见老子、泗水捞鼎、完璧归赵等著名的历史故事，以及西王母、东王父、舞乐战斗、宴饮车骑、祥瑞等。

（三）孝堂山郭巨祠堂画像石

郭巨祠在山东长清孝里铺孝堂山，建于后汉顺帝永建四年前，为石筑单檐悬山顶建筑，平面呈长方形，有北、东、西三面石壁，屋顶两面坡的石板上刻出屋瓦，石祠前端由三个八角形石柱承托。石祠内三面壁和中央石柱上方三角形石梁上，以阴线刻出各种图像。郭氏祠画像石内容丰富，以现实生活为主，兼有神话祥瑞、历史故事。郭巨祠画像石在技法上，表现出东汉早期清秀质朴的风格。

（四）沂南画像石

沂南画像石在山东省沂南县北塞村。年代在东汉末期。石墓有前、中、后三个主室和五个侧室，画像石42块。内容包括宴饮、出行、讲学、宅院、战争，以及画像石普遍采用的题材历史故事和神话故事。其特点是巨幅的大场面构图，如前室的献祭图，中室的百戏图等在他地均不多见。雕刻方法仍用平面剔地法，但形象中加刻细线，更增加了层次感和主体效果。

二、河南南阳地区画像石

河南南阳画像石的产生，与南阳在西汉时期所处的政治、经济地位有着密切的联系，也与汉代统治者的厚葬之风有着深刻的渊源。南阳画像石的发展，早期多为历史题材或建筑物一类，轮廓刻出较深的阴线，线条粗拙。中期是它的兴盛期，多表现宴饮出行及羽化升仙等题材，并用横线或斜线为衬地，形成其独特风格。晚期多用铺首、门吏神物等题材，线条粗犷、呆板，追求对称，已有走下坡路的趋势。南阳汉画像石在题材选取和表现方法上是以写实为主，描写墓主的画像石，是以其生活素材进行艺术加工，反映出了汉代社会的现实生活。描写汉代各种人物，是以汉代的阶级关系、典章制度、官场礼仪、服饰佩戴等为背景，反映出了鲜明的身份和个性。描写神话、仙界的画像石，是对神的形象进行了人格化的处理，缩小了现实生活中的人与神界、仙界之间的距离。描写动物形象的画像石，更是源于生活、高于生活，使被描写的对象的形象准确，惟妙惟肖。

南阳汉画像石的特点是画面突出饱满，主题突出，每幅画面表现一个内容。

（一）车骑过市画像石

画像石右方为煊赫过市的贵族车骑队列，其中三骑为前导，中为骖驾轺车，并有华盖。前为驭夫；主人端坐，当为高级的官吏；后有三组从骑，每组三人。从骑第一组，一骑手回身挽弓作欲射状；从骑第二组，三骑手执短刃，作格斗状；从骑第三组，一骑手持长枪作欲刺状。画面左方为二人击建鼓，二人摇鼗，一人击铙，一人吹排箫，一女伎作长袖舞，一人袒上身以臂要壶，另一女伎倒立，似刚从樽上跳下，后二人伴唱击筑。纵观整个画像石，人物错落有致，各司其职，表现出了两汉统治阶级车骑过市的庞大场面和封建贵族出行时的排场和威严。

（二）舞乐百戏画像石

该画像石中间为一建鼓，左右各一人挥桴，且击且舞，右为百戏，一人裸上身，戴面具，跳四丸；一女伎高髻束腰，舒长袖踏拊而舞，另一女伎单臂倒立于樽上，头顶一碗。左三人为伴奏者，二人左手执排箫

陕北东汉画像石

吹奏，右手执桴击鼓，一人吹箫。画像石中优美的舞姿，动听的音乐，高超的技艺，构成了我国封建社会前期文化高潮和具有汉民族特色和时代特征的辉煌艺术成就。

三、四川地区的汉画像石

四川地区的汉代画石，均属东汉后期之物。艺术风格明显地受南阳画像石的影响。其中《出行、宴乐画像石》是该地区画像石的优秀代表作。画像石纵高45厘米，横长11.2米，由8块刻石拼成，画面刻画出了封建贵族连车列骑的出行场面及樽案罗列、百戏杂陈的宴乐活动。

第五章

秦汉明器雕塑

5

　　明器，一作盟器，是专门为随葬而制作的器物。秦汉时代是我国第一次大一统时期，经济有很大发展，当时的统治阶级盛行厚葬，因此明器的种类也很多。如有俑、各种动物（家畜、家禽及各种野生动物）、生活用具（车、船、井、灶和各种器皿）、各种建筑物（楼阁、城堡、仓库、厨房、磨坊、猪圈）等。它们大多用陶制成，也有用铜、石、木、玉制作的。从中不仅真实地反映了当时人们的生活，还反映了当时匠师们巧夺天工的技艺，具有很高的史学和美学价值。下面就从秦俑、汉代陶俑、汉代铜俑、汉代木俑、汉代石俑、玉含与玉豚六个方面介绍一下秦汉明器雕塑的风貌。

第一节

秦俑

>>>

　　俑是明器中的重要组成部分，在先秦时俑多为土、木制，而且品种单一。到了秦代才开始大量用陶制作，如被称为"世界第八大奇迹"的秦始皇陵兵马俑，也有用铜制作的，如秦始皇陵铜车马，题材也显得丰富了。秦俑的特点一是结构严谨，忠实地再现了人物的结构、比例、衣着、发式，是一种现实主义手法的创造；再是兵马俑具有一种庄严、英武的气魄。其制作方法也达到了前无古人的水平，对秦以后俑的制作影响非常深刻。

一、秦始皇陵兵马俑

（一）宏伟壮丽的秦始皇陵兵马俑

　　秦始皇（前259—前210）姓嬴名政，是中国历史上著名的政治家。他死后就葬在今天的陕西西安市临潼区。在秦始皇陵东侧1.5千米处的西杨村南是一组秦始皇陵大型陪葬坑，自1974年以来，先后发现了三个兵马俑坑，出土兵马俑8 000余件，其中各类武士俑7 000余个。马俑600余匹，战车130余乘，被称作"世界第八大奇迹"。

　　（1）一号兵马俑坑：是1974年3月发现的，东西长230米，南北宽62米，深4.5～6.5米，总面积14 260平方米，里面埋葬着陶俑、陶马6 000余件，是步兵、车兵混合编组，其中东北两端列队守卫，南北两侧布翼为防；中间九个洞里，每个过洞四路纵队组合，兵车相间，浩浩荡荡，一幅气势磅礴、待命征战的雄伟惊人场面。

　　（2）二号兵马俑坑：位于一号坑的东端北侧，两坑相距20米，是1976年4月23日发现的。坑呈曲尺形，东西最长处124米，南北最宽处98米，深5米，面积约6 000平方米。此坑为步兵（含弩兵）、车兵、骑兵混合编组，埋葬战车89乘、陶马356匹、车士261件、骑士

116 件、步兵俑 596 件、鞍马 116 件。

（3）三号兵马俑坑：位于一号坑的西端北侧，两坑相距 25 米，发现于 1976 年 5 月 11 日。坑形制特殊，平面呈"凹"字形，东西长 17.6 米，南北宽 21.4 米，深 4.8 米，面积约 520 平方米，埋葬战车一辆，卫兵俑 68 个，沿四周相向排列。

秦始皇陵从葬的 8 000 个兵马俑，类似今天的仪仗队，或是秦始皇生前护驾的御林军缩影。它虽然与当年的秦军实际有区别，但也反映了当年强大的秦军统一全国时的雄壮规模。

（二）陶俑

俑在周代就有记载，是用土、木制成的人的偶像，用以替代活人殉葬。到了秦代才开始出现陶俑。秦代的陶塑十分发达，而且有很高的艺术水平，秦始皇陵出土的陶俑内容就十分丰富。

秦俑身高 1.75～1.96 米，容貌神态各异，而且都有彩绘。从兵种上看，有步兵、车兵和骑兵三大类。步兵中包括作跪射和立射式的弩兵和一般武士俑；车兵包括驭手和车士。从职务上看有将军俑、武官俑和武士俑。俑的穿戴和兵器的配备，随着职务和兵种的不同而有所差异。

（1）将军俑：将军俑身高1.96米，头戴长冠，双卷尾饰。组缨（冠带）结扎在颏下，垂于胸前。身穿两层战袍，外面套着铠甲，甲片非常精细，也有不套铠甲的。小腿有护腿，足蹬方口翘头鞋，左手按剑。还有一个将军俑，右手紧握左腕，双手在胸前交置，作拄剑状，威风凛凛，很有大将风度。

（2）武官俑：武官俑头戴长冠，单卷尾，身穿战袍、铠甲。武官俑仅胸、腹有甲，背以交叉宽带和甲衣相连，脚穿方口翘头鞋，有护腿。

（3）驭手俑：驭手俑头的右侧梳髻，罩着白色圆形软帽，戴长冠，单卷尾；颈围方形盆领，内穿战袍，外披铠甲；肩有披膊，长及腕，手有护手甲；足蹬方口翘头鞋，有护腿。他们两臂平伸，双手半握拳，作执缰绳状，拇指的内侧有一半圆形环，是勒缰绳时的护套。

（4）车士俑：车士即车上的武士，一类头戴白色圆形软帽，身穿战袍，外披铠甲，戴着护腿，

兵马俑 将军俑

兵马俑　跪射俑

穿方口齐头鞋，车右的左脚向前方斜伸，作稍息姿态，右臂前曲，手作握长兵器状，左手似按车舆。另一类头戴单尾长冠，身穿战袍，外披铠甲，有护腿，手似握长兵器。

（5）武士俑：武士俑可分为四类，即铠甲武士俑、战袍武士俑、跪射武士俑、立射武士俑。

① 铠甲武士俑：束发挽髻，或戴圆形软帽，身穿战袍，有护腿，有的扎着裹腿，脚蹬方口齐头鞋，右手握着兵器。

② 战袍武士俑：束发晚髻，髻多偏头右上方，身穿交领右衽短袍，绑着裹腿，足蹬方口齐头鞋，手执兵器。

③ 跪射武士俑：束发挽髻，髻在头部的右上方，用朱红带束扎，披着铠甲；右膝着地，左腿蹲曲，右足蹬地；方口齐头鞋底外露，布满整齐的麻点纹，显现鞋底的绳结痕迹；两手在右侧作上下握弓状，根据手臂的不同姿势及身边挖出的实用兵器，可表明，弓应背在右肩，手执弦。

④ 立射武士俑：束发挽

髻，髻在头部的右上方，穿着战袍，穿着护腿，足蹬皮靴；身向左转，右臂横曲胸前，左臂下垂，稍微向前，两眼怒视左前方，似作举弓瞄准姿势，准备射杀来犯的敌人。

（6）骑兵俑：骑兵俑高 1.8 米，立于马的左前方，右手下垂，执马缰，左手上提，好像提着弓，头戴赭色圆形介帻（音绩，似今回族小帽），绘有朱色三点一组几何纹，帻后正中有一个白色桃形花饰，组缨由两侧下垂结扎在颏下，内穿紧腰袍，外面披着齐腰铠甲，无披膊，袍袖较窄；穿紧护腿，足蹬皮鞋，冠戴和衣着都比较紧束，以有利于骑射。

在以上的将军俑和武士俑中，有些俑的面部造型隆鼻高颧，大胡络腮，髭角上翘，显然是我国少数民族的形象。这证明在秦国的军队中，已有了中原华夏族以外的其他民族的壮士，他们有的已担任将校、虎贲之类的官职；还证明了在中国很早就开始了各民族的大融合，秦建立起来的是一个统一的多民族的国家。

上述种种武士体魄健壮，头型、发束多变，面部表情各异，而且具有各自的性格特点，具有很高的艺术价值。

（三）陶马

陶马雕塑细腻，制作精良，神态逼真，它们分为车马和乘马两大类。

（1）车马：即战车四马，两骖两服，马首直立，作嘶鸣状，两耳间分鬃外卷，缚尾，尾端辫结，马首有笼头，颈套铜管项圈。

（2）乘马：即鞍马，由骑兵坐乘。四马一组，高 1.72 米，长 2.03 米，马仰首并立，双耳短促，尖如削竹，方头大眼，口张鼻圆，腿长臀肥，胸肌饱满，雄健有力，两耳间分鬃外卷，马尾长而细，辫结，马背雕有鞍垫，鞍面质地好像是皮革，上面布满钉头，涂有红、白、赭、蓝四种颜色，鞍下有垫，周围有缨珞短带，并有两条肚带将鞍垫固定，马肚的左侧带有参扣扣锁，马臀勒着后鞧，马鞍的形状与现在的大致相似，只是没有马镫。

无论是车马还是乘马都与真马大小一样，品种与今天甘肃的河曲马相近。

（四）兵马俑的制造工艺

兵马俑都是用泥塑烧制而成，质地坚硬细腻，颜色呈青灰，制作方法是塑模并用，分作套合，然后烧制而成的。

（1）陶俑的制作工艺：是先用泥塑成俑的初型，再进行第二次覆泥加以修饰和刻画细部；头和手及躯干是分别单独制作，然后组装套合在一起；等阴干后放在窑内焙烧，烧的温度大约在 1 000 ℃；俑出窑后再进行细部雕刻；陶俑的躯干纯是手塑。

（2）陶马的制作工艺：比陶俑更为复杂，其程序是先把马的头、颈、躯干、四肢、耳分别制作，然后拼装粘合成为粗胎；再经过二次覆泥修饰、雕刻成型，阴干后入窑焙烧，最后绘彩。

陶制品的成型和烧结是一个复杂的过程，它们不仅互有影响，而且要求十分严格。所用色彩有朱红、枣红、绿、粉绿、紫、蓝、湖蓝、中黄、橘黄、赭、黑、白等十余种，其中以朱红、粉绿、赭色为主。不同的部位着不同的色彩，以体现其质感。例如面部和手用粉红，表示肤

| 兵马俑　陶马 |

色；铠甲用褐色，甲扣用朱红等。从秦始皇陵兵马俑来看，当时的雕塑和烧制技艺已是非常的高超。

（五）秦俑的艺术特色

举世闻名的秦始皇陵兵马俑充分反映了秦代陶塑工艺的卓越技艺，因此它不仅是个丰富的地下军事博物馆，还是一个雕塑艺术的宝库。

秦始皇陵兵马俑是以秦国的军队为题材的，这在我国的雕塑史上是一次巨大的变革，它给人们的印象是通过它让我们认识到秦俑的最大特点是写实，结构严谨，忠实地再现了事物的真实性和人物的结构、比例、衣着、发式，是一种现实主义手法的创造。

秦始皇陵的数千个兵马俑不是一群毫无生息的偶像，而是许多个富有个性特征的秦国真实战士的形象记录。一列列、一行行的战车、骑兵和步兵都极为逼真、生动，就是一些细枝末节也是惊人的相似，从以下事例就可见一斑。

（1）整体布局：模拟军阵的编列，创造了由左、中、右三军和一个指挥部组成的军阵系。每一个军阵的俑、马排列都符合兵书布阵的原则；武器的配备，长兵强弩在前，短兵弱弩在后，长短兵相杂这种组合方式也与文献所载契合，在各种兵俑的塑造上也与实际非常相似。战车、车子的形制、结构和各部件的大小尺寸，也与考古发现的战国的木车没有多少差异。

（2）人物的塑造：出土的各类武士俑，其身材的高矮、胖瘦以及面型、须发的样式都与真人非常相似。俑中高的约2米，矮的约1.75米，一般在1.8米左右。他们有的大口、厚唇、宽额、阔腮，纯朴憨厚，似出身于关中地区的秦卒；有的额头微向后缩，高颧骨、宽厚的耳郭、不大的眼睛、薄薄的眼皮，结实、强悍，具有陇东人的特征。秦国的军队主要来源于关中地区的秦人，同时也有其他地区人的成分，这在陶俑中都有体现。

（3）服饰的设计：秦俑的服饰、甲衣样式繁多，将领的服装和士兵的不同，骑兵的服装和步兵、车兵的服装有异。将领中的服装又随着其官阶有高、中、低之别。甲衣塑造的真实，甲片的编缀方法合理：上旅的甲片固定，下旅及肩部的甲片是活动的；上旅的甲片上片压下片，下

秦汉至魏晋南北朝建筑雕塑史

旅的甲片下片压上片；前胸的甲片中间向两侧依次叠压，背甲则与之相反，这样便于弯腰挺胸和举臂。就是腰间系的革带和带钩，头上束发的发带以及发髻、发辫，腿部扎的裹腿、胫缴和靴、履等都是一丝不苟。

二、秦始皇陵铜车马

我国青铜器时代始于夏，商朝时所制造的器物上虽然都有极为丰富的装饰雕刻，但是它是以实用价值为主的。到了秦代，青铜雕塑才逐渐进入架上雕塑的领域。

1980 年 12 月在陕西临潼秦始皇陵西侧出土了两乘特制作明器用的铜车马，形体是真车马的二分之一，每乘四马一驭官，总重量 1200 多公斤，通高 1.04 米，通长 3.28 米。车分前、后两室，前室置一驭官俑，高 0.51 米，从脸型看似"关中型"，他面部丰满，稍有髭须，戴冠佩剑，身穿长袍，腰间束带，两肩前伸，跽坐持缰，全神贯注，状貌十分恭谨；后室有门窗，可以随意开合，上面覆着椭圆形车棚盖。驾车的四匹马通体白色，头方目圆，双耳短促，似是河曲种，它四蹄直立，昂首雄视，机警异常。车型依当时的实用物仿造，各部件一应俱全，内外都

| 秦始皇陵　铜车马 |

绘有夔纹和几何花纹，色彩雅素，再加上金银饰件，更显得高贵肃穆。铜车马制作工艺采用了铸、焊、铆、镶嵌、錾刻、冲凿、错磨，是目前所发现的年代最早、驾具最全、级别最高、制作最精的世界珍品，它为中国古代车制的研究提供了宝贵的资料。

第二节
汉代陶俑

>>>

在汉代明器中，陶塑占了相当大的比重。其原因是汉承秦制，汉代的习俗也是如此。秦时用大量陶俑随葬，汉代的陶塑业也就特别发达，技艺也有了很大的提高。汉代陶俑可以分为两大类：一是反映战争的兵马俑，一是反映现实生活的倡优俑。

一、兵马俑

西汉初期，一些军功显赫的将领、诸侯王和贵戚也用陶兵马俑随葬，以炫耀他们生前的地位和权力，比较大的有三批。

第一批：1950年在陕西咸阳东郊狼家沟惠帝安陵第11号陪葬墓的从葬沟中发现了数十件彩绘武士俑，这些武士俑分为射击俑和步兵俑两类。射击俑有的昂首侧身、举臂投射，姿态十分优美生动。

第二批：1965年秋在陕西咸阳汉高祖长陵附近杨家湾汉墓从葬坑中出土了彩绘骑士俑和步兵俑2 000余件，其中骑士俑583件、其他步兵俑1 965件。骑士俑通高0.68米，人物俑高0.44～0.48米，大多数敷以色彩。面对骑士俑群，你不仅会觉得它们的造型十分生动，人马威武、装备精良、军容整肃，是一支阵容雄伟的骑兵劲旅，战马张口奋激，昂首嘶鸣，如临战阵，而且还反映了文景时期强大上升的国力。

第三批：1984 年冬在江苏徐州狮子山西麓发现三座长条形兵马俑坑，从中出土了兵马俑 4 000 余件。据考证，墓主人可能是西汉第三代楚王刘戊。人物俑高的有 0.54 米，矮的 0.27 米；马俑高 0.6 米，都排成了方阵面向西站立。在马后有一个人物俑，其型体高大，似为指挥官。其后是排列成行的兵阵队伍，他们之中有盔甲俑、跪坐俑、站立俑、官吏俑等。战马个个膘肥体壮，是分步烧制然后组装而成的；俑则是模制，前后合结而成，外部都经过修整，反映了当时高超的制陶技术水平。

二、倡优俑

汉代陶塑的艺术成就，在于体现各种物像的主要特征，形象生动简练，装饰性强。在人物方面，特别是倡优俑，更是如此。倡优俑是汉代现实生活人物俑的一部分，主要有舞乐俑、杂技俑和说唱俑。

（一）造型优美的舞乐俑

舞乐俑以 1954 年在陕西西安白家口出土的一尊西汉彩绘拂袖舞女俑最为出色，此俑高 0.49 米，内穿交领长袖舞衣，外面罩交领宽袖衣；

| 舞乐俑 |

头发中分，发辫向后垂，头稍向右侧，上身前倾，两腿稍微弯曲，右手上举，长袖飘搭在肩上，左手向后摆，长袖舒展作翩翩起舞状。舞女面容端庄清秀，姿态窈窕优美，神情恬静安然，形体舒展洒脱，舞步轻盈自如，是汉代人物陶塑艺术中的杰作。

（二）逼真传神的乐舞杂技俑

以杂技为内容的形象，在画像石和壁画中是常见的，在雕塑品中却不多。首见的便是 1969 年在山东济南无影山西汉墓出土的一组乐舞杂技俑。这组俑共 22 人，置放在一个长 0.67 米、宽 0.47 米的陶盘内，分成三部分。中间是舞蹈、杂技表演者，他们的后面是乐队，观众站在两侧。

中间表演的 7 人，其中 2 个舞女身穿红白色长袖花衣，系着赭色衣带，她们挥动长袖，翩翩起舞；四个男青年正在表演杂技，他们头戴赭色尖顶小帽，身穿紧身齐膝短衣，腰间系着白带，四人中两人在倒立拿大顶，另两人在表演柔术，一人仰身向后弯，一人用胸碰地，两腿向后翻到头的两侧；两个舞女的前面站着一个身穿长袖红衣、束腰，双肩张开，好像指挥或报幕角色之类的人。

乐队由 7 人组成，他们有的在吹笙、有的在鼓瑟、有的在击鼓、有的在敲钟，个个表演认真，人人陶醉其中。

7 个观赏者穿的都是广衣博带，袖手旁观。右边的 3 个人戴着冕形冠，褐袍朱缘，像是达官贵族之类的人物，左边的 4 个人戴的是环形髻状冠，地位可能较前 3 人低一些。

这组陶俑整体布局井然有序，人物主次分明，造型奇特、生动传神。倒立者矫健稳重，舞蹈者姿态优美，观赏者聚精会神，在动与静当中体现了汉代雕塑家丰富的形象组合能力和表现手法。

这组陶俑不仅反映了西汉地主阶级的奢侈淫逸的生活，还对研究我国春秋以来杂技艺术的形成和发展提供了翔实的形象资料。

（三）诙谐幽默的说唱俑

倡优俑当中的说唱俑个个形象逼真，幽默风趣。演员们手舞足蹈的神态无不被刻画的惟妙惟肖，令人过目难忘，站在他们的面前，仿佛那欢快的说唱声就在我们的眼前和耳边。最具有代表性的是 1957 年在四川成都天回山东汉崖墓出土的坐式彩绘击鼓说唱俑和 1963 年在四川成都市郫都区宋家林东汉砖室墓出土的站式击鼓说唱俑，他们是研究汉代民俗百戏的珍贵史料。

坐式击鼓说唱俑高 0.55 米，身躯和头部稍向右侧，头上束着帕巾，上身袒露，下穿长裤，两臂都戴着饰物，光着双脚。他高高举起握着鼓槌的右手，欲击左手抱着的扁鼓，扁胸凸腹，张口嬉笑。

站式击鼓说唱俑高 0.66 米，身躯和头稍向左扭，他梳着螺形髻，上身裸露，下身穿着宽松的长裤，赤脚，挺胸鼓腹，双腿下蹲屈膝，两肩向上耸，皱着额头，眯着眼睛，歪着嘴巴，吐着舌头，右手拿着鼓槌欲击左手托着的鼓。

| 东汉击鼓说唱俑 |

🔺 东汉击鼓说唱陶俑现藏于中国国家博物馆。被称为"汉代第一俑"，是一件富有浓厚民间气息和地方风貌的优秀雕塑作品，属国家一级文物。

除了兵马俑、倡优俑外，陶塑的题材不断扩大，形象更加生动传神。如河南三门峡市陕州区刘家渠和淅川县出土反映豪强地主惶恐不安的附有众多部曲家兵的水榭；广东佛山澜圩出土的表现东汉农夫插秧运肥辛勤劳作的水田模型；还有陕西兴平马嵬出土的西汉狗、马，广州大元岗出土的汉卧牛，四川乐山斑竹出土的东汉马驹，河南辉县市百泉出土的母子羊等都极具生活情趣。可以看出，汉俑的特点一是注重人物内在的精神表现，为强化这种"神"，更多地运用了夸张、变形的手法，体现了浪漫主义精神。二是汉俑平易近人，简洁生动，充满着自由轻松的乐观主义精神。

汉代铜俑

>>>

汉代的青铜雕塑，虽然还没有像陶塑、石雕那样得以广泛的发展，但其艺术也达到了较高的程度，题材也非常广泛，有兵马俑、兽俑、倡优俑、羽人俑等。

一、兵马俑

汉代铜兵马俑中的佼佼者当属 1980 年广西贵港市风流岭 31 号西汉墓出土的兵马俑。风流岭的兵马俑，铜马高 1.15 米，它仰首张口，双耳竖立，尾巴甩开，一条腿抬起，作欲奔状，马的肌肉丰满，四肢健壮，形象生动；铜人是西北少数民族驭手的形象，他长得鼻高目深，生着络腮胡须，头上戴着冠，身上穿战袍，还披着铠甲，双腿跪坐，双臂曲举平伸。

二、兽俑

在兽俑中，当推 1956 年在甘肃酒泉下河清第 18 号东汉墓出土的独角兽，它放在一双室砖墓的前室，用来驱邪避祟，镇守墓室。独角兽长 0.75 米，高 0.2 米，它全身鳞甲，张着嘴巴，吐着舌头，两耳伸到颈旁，独角前冲斜下，四脚偏直，腰略向下弯，颈部弓起，尾向上高举。它的尾巴和角及四肢是用嵌插拼接法与头部和躯体相接的，表现了当时工匠的高超技艺。

三、倡优俑

汉代铜倡优俑的代表作是甘肃灵台傅家沟西汉墓中出土的 4 人博戏俑，他们都是用合范铸成，身高 0.09 米。博戏俑造型生动，形象逼真，都束着头发，穿着长袍，有的袒着右肩，有的露着左肩，有的双肩袒露，均席地而坐，表情各异：一人露齿喜笑、一人怒目而视、一人表情苦闷、一人面呈笑意好像是在索要什么。如果将这四个铜俑放在一起，在我们面前展现出一个富有戏剧性的场面，表现了人生的喜怒哀乐四个方面，是人们不同生活内容的写照，是一组研究人的内心活动的雕塑群体。

四、羽人俑

西汉的封建贵族祈尚"羽化登仙"，羽人便是他们这种思想的产物。羽人俑1966年出土于陕西西安汉长安城遗址，身高0.15米，他身穿交领紧袖衣，宽肩束腰，衣服后面露着一对赤足，面带微笑，屈膝跪坐，双手向上举，还长着一对翅膀，长脸尖鼻，大耳过项，颧骨、眉骨隆起，梳着锥形的发髻。铜羽人造型生动，制作精美，比例协调，是不可多得的研究汉代神仙灵异的铜雕塑。

第四节
汉代木俑

>>>

奴隶社会，奴隶主死了以后是用奴隶来殉葬，到了战国时才改用木俑，汉代则多用陶俑，但也发现了不少木俑，主要是车仗和人物俑。汉木俑艺术造型比战国楚木俑有了很大的发展，能够表现出所模拟人物的特点，而且姿态生动传神。

西汉前期的木俑以湖南长沙马王堆、湖北江陵凤凰山、云梦人坟头及广东广州马鹏冈出土的为代表；西汉后期则以江苏连云港云高高顶、高邮市天山、盱眙县东阳、扬州市邗江区胡场及湖南长沙杨家湾刘骄墓出土的为代表。还有甘肃武威磨嘴子汉墓群出土的，其年代属于西汉末

| 西汉彩绘木俑 |

期至东汉中期。其中最具代表性的当属马王堆木俑。

马王堆出土的 262 件木俑中，有戴冠男俑、着衣女俑、着衣歌舞俑、彩绘乐俑、彩绘立俑、避邪俑六种类型。他们具有共同的古拙和淳朴，体态和神情又各具特色，表现出藏巧于拙，寓美于朴的艺术魅力，显示出人物的社会地位和职务的差异，这些都是当地的楚木俑所不能比拟的。

在六类木俑中，体型最大、冠服区别于群俑的是两件戴冠男俑，分别高 0.84 米和 0.79 米，他们的衣服虽已残破，但仍可辨认出穿的是深蓝色菱纹罗绮广袖长袍，其中一人的鞋底刻有"冠人"二字。"冠人"即文献中的"倌人"或"官人"，在西汉时也称作监奴。他们的身高是彩绘立俑的一倍，且膀大腰圆，俨然以众奴婢之长自居。

着衣侍女俑共 10 件。她们的面部雕塑细腻，墨绘眉目，朱涂口唇，眉清目秀，具有一种恬淡娴静的风姿。俑高 0.69～0.78 米，比戴冠男俑矮，而较其余的俑高，说明她们是地位较高的侍女。

8件着衣歌舞俑和5件彩绘乐俑中的4件歌俑高0.33～0.38米，都作屈膝跪坐的姿势，面部丰腴秀美。乐俑中两件吹竽、三件鼓瑟，吹竽俑双眸微微下视，神情专注，鼓瑟俑跪坐，膝前横陈一瑟，双臂前伸于瑟的上方，掌心向下，拇指内屈，食指内勾略成环状，作抹弦之势，其余三指自然舒展。

4件舞俑身高0.49米，脖颈柔美，腰肢纤细，臀部丰满，双腿修长匀称。这些舞俑头部微倾，膝部微曲，似正踏着乐曲节拍在翩翩起舞。

数量最多的是彩绘俑，计101件，其中9件头顶削成平面的似为男俑，其余头顶上都有发髻，当为女俑。这些俑体形矮小，表情呆滞压抑，制作也较粗劣，反映出他们地位的低下。

另外，云梦大坟头一号木俑轮廓鲜明，脸面保留有刻削的棱线，还尚存着楚木俑古朴遗风。江陵凤凰山167号墓出土的24件车仗奴婢俑，其中有持戟谒者俑、伫立侍女俑、荷锄农奴俑、执斧工奴俑、驾车木马及木轺车等。连云港出土的抄手俑高0.51米，体态丰盈，亭亭玉立；持盾俑则表情庄重，刀法明快。邗江区胡场的踞坐说唱俑五官清晰，神态活泼，手势生动，感染力很强。甘肃武威出土的大型木轺车、木马、木牛采用的是分部雕凿、嵌接成形的制作方法，刀法酣畅明快；中小型的木俑和家畜则多是用单块木头砍削而成的，外表都涂有彩绘，其中神情专注的老叟六博俑、舞姿轻盈的舞女俑、温顺机敏的卧狗、气势雄强的独角兽和活泼顽皮的猴子，都给人们留下了难以忘怀的印象。

第五节
汉代石俑

>>>

汉代的石俑也是不多见的，较著名的是 1955 年河北望都 2 号东汉墓出土的骑马俑和 1977 年四川峨眉山市双福乡出土的抚琴俑。

骑马俑均站在长方形的石板上，高 0.78 米，长 0.77 米，宽 0.25 米。战马昂首竖耳，双目前视，张口吐舌，四肢挺立，好像急驰中突然停了下来，体质雄健而有力，活跃而猛烈；骑马的仆人头戴黑帽，侧身左视，面带微笑，上身穿的是红地白色云纹短衣，下身穿着米黄色肥口短裤，脚上穿着黑色方口靴，左手提着扁壶，右手曲肘提着两条鱼，好像是奉了主人的吩咐沽酒买鱼回来。这些骑马俑造型健壮有力，雕刻简练明快，是汉代不可多得的石刻艺术作品。

抚琴俑又称鼓瑟俑，俑高 0.55 米，头戴帻巾，身穿交领长衣，里面衬着中襌。他席地而坐，琴放在腿上，右手抚琴，左手弹拨，神态自然洒脱，风格质朴庄重。站在他的面前，仿佛能听见铮铮的琴声，是汉代石俑中的佼佼者。

第六节
玉琀、玉豚

>>>

玉琀是古代入殓时放在死者口中的玉制品。这种陪葬习俗大约始于新石器时代的崧泽文化，一般作蝉形，也有的是龙形或碎的玉块。因为蝉虫是从土中而来，蜕变而生，所以当时的人认为含玉蝉象征人转世再

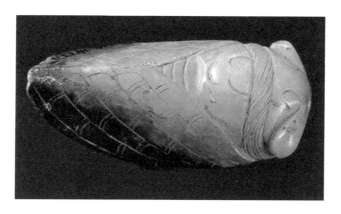

| 汉代玉琀 |

◀ 古时候陪葬物里最缠绵的东西或许便是玉琀蝉了，玉蝉是一种常见的古代玉器。在古人看来，蝉是清高声远、洁身自好的象征，因此蝉的造型很早就为中国先民所使用，生以为佩，死以为琀。两汉玉蝉多用新疆和田白玉、青玉雕成，用料讲究、形制古朴、质地上乘。

生。玉琀的雕刻多用八刀法，俗称"汉八刀"。

古时也有用玉豚陪葬的，这种习俗从两汉一直延续到隋。汉墓中出土的玉豚最多，有成对的，也有单个的。除了用玉制作外，也有用石料或石膏代替的。

第六章

秦汉墓表雕塑

6

中国是一个地大物博、历史悠久的文明古国。祖先留下了极其辉煌的美术遗产，而古代的雕塑艺术正是这种美术遗产的组成部分。它那优异的民族传统风格，具有举世公认的独特地位。

秦汉时期是我国古代雕塑艺术发展史上一个突飞猛进，成就辉煌，风格奔放沉雄，影响深远的发展阶段。

秦王朝虽然仅统治了十几年，但由于国家统一，生产力发展，为雕塑艺术的制作提供了前所未有的条件。被誉为"20世

| 秦始皇兵马俑陶塑 |

纪最壮观的考古发现"的陕西临潼秦始皇陵兵马俑坑出土的数以千计的大型陶塑，向世人展示了中国古代雕塑艺术的辉煌成就。

汉代是继秦朝之后封建君主集权制的巩固发展时期。汉代统治阶级为了假天命、壮声威、炫富贵、极享受、美功绩，宣扬封建伦理道德规范，强化封建社会秩序，在运用政治、经学、谶纬迷信、文学、绘画等手段外，雕塑艺术也是他们普遍重视和运用的一种有力的精神手段。

随着社会生产力的巨大发展，科学技术的进步，为雕塑艺术的全面发展和提高，提供了雄厚的物质基础和工具技术条件。

汉代在继承秦代写实的基础上，表现了中国雕塑艺术雄浑刚健的民族特色和艺术表现体系的成熟。如西汉霍去病墓石群雕，巧妙地运用了夸张等手法，生动地刻画出动物的神态特征及人物内心的活动，具有较高的水平，令人惊叹。

秦汉时期的雕塑艺术是多方面的，据文献资料记载，大致可以分为以下几类：宫殿、坛庙、苑囿、陵墓前的大型仪卫纪念性雕刻；用以砌筑及装饰墓室、享祠、石阙的画像石和画像砖；用以殉葬的陶、石、木、金属雕塑的人俑和动物；中原地区汉族和边地各族的实用工艺装饰性雕塑等。秦汉雕塑以其品种的多样丰富、规模的雄伟恢宏、风格的朴拙豪迈而永存艺术的魅力，秦汉雕塑在体现时代精神方面，在内容与形式的结合和巧妙运用材料方面，在发展纪念雕塑和园林建筑方面，都积累了极有价值的经验，秦汉雕塑是我国古代雕塑的一个黄金时代。

总之，中国古代雕塑艺术走过了秦汉以前的萌芽期，秦汉和南北朝的成熟与繁荣期，唐代的顶峰期，以至唐之后至清末的低潮期的漫漫道路，但它不论是特定时代一定阶级的信仰、崇拜，还是纪念某种功绩的产物，却为我们了解和认识当时的社会，研究其艺术成就，探讨先人的审美意识与形式，留下了不可多得的艺术珍品。

汉代墓阙

>>>

汉代是统一的中央集权制封建国家得到巩固和发展的时期，社会比较安定，经济、文化得到迅速发展。尤其是冶炼技术居于世界领先地位，为大型石刻的发展提供了有利条件，雕塑艺术的应用范围更加广阔，表现技巧进一步提高。在大型纪念性石刻，园林装饰雕塑，各种明器雕塑、实用装饰雕塑等方面，都有显著的发展，留存至今的汉代雕塑作品，极为丰富。

阙，是成对地建筑群入口处的两侧，标志着建筑入口的建筑物，其功能有五种：①城阙，立于城门两侧，作为城市入口的标志；②宫阙，立于宫城和宫殿两侧；③第宅阙，立于贵族府第入口两侧，其规模较城阙和宫阙略小；④祠庙阙，立于祠庙入口两侧，规模较小；⑤墓阙，立于墓前神道两侧，规模也较小，墓前建阙始于西汉，至东汉盛行。

从现在已发现的实物看来，汉代还没有发现帝王陵的雕刻，发现的主要是汉代贵族的墓葬雕刻，这些墓葬的地面石刻主要有阙、祠、神人、神兽等。过去总认为墓上这些石刻除对亡故的人有些护卫、纪念的作用外，也是要给活人看的。近年来对地面这些石刻的认识发生了一些变化，主要的突破是对阙的认识。阙是古代置于门外的建筑，既作登高观望之用，又是一种地界的标志。石刻的墓阙，就是墓区的入口处。

墓阙的真正意义是表示进入天界的入口处。许多汉代的画像石刻或画像砖塑上的场面，阙形建筑多次出现，除了在一些表现庭院的画面上，阙是作为一般建筑外，绝大部分都与一些天上之物如日月、星辰、神人以及神灵相关联，这就清楚地表明阙的真实含义。石刻的墓阙与神兽、神人，在墓区组合成天界状况，亡灵从坟墓内出来只有一步之

隔就可进入天界，这种登天再简捷不过了。在阙上常刻有墓主人姓名及身份等，带有一种旌表性，这些铭刻、浮雕及由此衍生的内涵，使石阙就像墓区的简介或序言，在人类进入墓区前，石阙给人一个粗略和概括的认识。石阙是仿木阙建造的，从这个意义上说，石阙本身就是一个大型石雕。石阙因阙身遍布高低不等的浮雕显得华美，又因它在造型上，仿房顶的阙顶出檐较大，与直立的阙身相比较，有如鸟展开的翅膀而具有一种升腾之感，从观者的心理来看，石阙是陵墓雕塑掀起的第一个高潮。

汉代石阙是中国汉代画像的重要组成部分，历来为人们所重视，中国汉代的墓阙的雕刻，则更是内容丰富，题材广泛，构图优美，雕刻精良。

北京石景山发现的汉幽州书佐秦君石阙，柱础各雕以生动的伏虎。阙顶一般用直线雕成四个垂脊的形式，除延身于外的作用外，重要的是突出了飞动的美感。通过这种飞檐式的衬托，不至于使柱身的形体由于洗练而显得单调。柱体一般装饰简练，秦君石阙石柱仅饰以直棱纹。柱刻一飞翔的朱雀和持兵器的武士。柱额的装饰一般层次和内容都很丰富，各雕石虎一个，虎尾相交，姿态生动，下有垂莲纹饰绕柱一周，墓表石柱之一有"鸟还哺母"刻文，石柱所雕朱雀生动活泼。

樊敏阙为有扶壁式的双阙，建于汉献帝建安十年（205），南北向，它的布局是正中为樊敏碑，碑前左右斜出约5米许地方各有一阙，为左阙和右阙，阙前有二

| 樊敏阙

石兽，一为天禄、一为辟邪。樊敏碑高 2.5 米，宽 1.17 米，上方微削，碑首浮雕为双螭交曲环拱形，拱下穿孔上镌刻"汉故领校巴郡太守樊府君碑"12 字，刻 22 行，每行 6 字，篆字。其下有圆形穿眼，穿下方为碑文，计 557 字，刻 18 行，每行 29 字，末行低 13 字镌"建安十年三月上旬造石工刘□□书"15 字，碑下龟砆首偏向右凿背壳为深槽以置碑。

樊敏阙的形制与雅安高颐阙类同，为红沙石造，阙顶为五脊式，正脊中镂雕一雄鹰，嘴含绶带；斗拱层石高 0.35 厘米，刻有一力士双手负托拱状之石刻及西王母龙虎座浮雕。阙顶檐下层石的正面雕刻《龙生九子图》一幅，为浅浮雕，高 68 厘米，宽 146 厘米，古朴劲健，为汉代石阙中不可多得之雕刻艺术。

据《后汉书》载："哀牢夷者，其先有妇人名沙壹，居于牢山，尝捕鱼水中，触沉木若有感，因怀妊，十月产子，男十人，后沉木化为龙，出水上。沙壹忽闻龙语曰，若为我生子，今悉何在？九子见龙惊走，独小子不能去，背龙而坐，龙因舐之。其母鸟语，谓背为九，谓坐为隆，因为子曰九隆。及后长大，诸兄以九龙能为父所舐而黠，遂共推以为王，后牢山下，有一夫二妇复生十女，九隆兄弟皆娶以为妻，后渐相滋长，种人皆刻画其身，象龙文，衣着尾……"

"龙生九子"故事的来源系为古哀牢部落的故事，而古哀牢确有九隆氏居之的传说和记载，汉代时为不韦县（古地名，位于今云南省保山市东北金鸡村），后汉于县置永昌郡，故治在今云南保山市北 25 千米。

樊敏字叔达，芦山县樊家祠人，生于汉安帝永宁元年（120），卒于汉献帝建安八年（203），享年 84 岁。据樊敏碑载，他曾任职永昌郡长史，故在他的墓前阙上雕刻了当地流传的"龙生九子"的故事。

高颐墓阙高颐字贯方，卒于东汉建安十四年（209）益州太守任所。墓阙现存四川雅安市城东 7.5 千米姚桥村外。存东西两阙，相距 13 米，东阙题"汉故益州太守武阴令上计史举孝廉诸部从事高君字贯方"，西阙题"汉故益州太守阴平都尉武阳令北府丞举孝廉高君字贯光"（光字为宋人补刻）。西阙座上雕蜀柱斗子，阙身雕枋子、斗拱棱角，四面浮

| 汉代高颐墓阙 |

雕人物，车马，禽兽等物，栩栩如生，脊上镌鹰口衔组绶，阙前石兽一对，劲健古朴。二阙间为高君颂碑，碑首半圆形，镌蟠龙，碑座方形，刻二龙相向，龙尾绕于座后纠结。

高颐阙车骑前面为两乘有盖的轺车，前一乘的后面有驺卒随从。后一轺车之后，为一骑，骑者手持一䇶。道路旁边有树和观众。车从像后面为一乘二马车，前面有伍伯8人，前6人手中执盾，后2人所执何物，不甚可辨。右侧第二层刻有"季札挂剑"的故事，刻一土丘陵墓之上长一树，树上挂长剑一把，刻一人在此施礼，应为季札。手执鼗鼓的人物、人兽相斗和九尾狐、三足鸟、龙、虎、朱雀、马、牛、羊、猿猴等。阙上的雕刻，造型优美，形象生动，刻工精良，保存完好，为中国汉阙的精品。

丁房阙在重庆忠县东门外土主庙前。汉代双阙。高约7米，重檐顶，檐下有斗拱。阙上有浮雕人物，车马及兽类等。《忠州直隶州》载："丁房双阙，碑目考：在临江县巴王庙有二阙对峙。阙高二丈，为层观，飞檐表衰，四方多刻人物，皆极巧妙。诸刻漫灭，仅有汉丁房等字尚可辨也。"

平阳府君阙在四川绵阳市东北 4 千米处。为汉代双阙。两阙相距 26.19 米，皆有子阙。北阙高 4.35 米，南阙高 3.5 米。《四川通志》载：阙题"汉平阳府君叔神道"八字。今仅存"汉平"二字。阙为汉初平、兴平年间建造。上部浮雕人物、车马、狩猎等图案，下部四角刻力士像，姿态雄伟。骑从浮雕为两骑前行，后有驺卒两行 8 人，手执斧钺作疾走状。充分反映了汉代贵族驾车游玩的悠闲生活，也显示了封建贵族的权势和威仪。阙盖四角刻青龙、白虎、朱雀、玄武。檐上有执竿托鹰人物，有中箭野鹿，有猎人搏兽图、天马、狮子等，情景生动，造型精美。

王家坪无铭阙在四川渠县土溪王家坪。阙高 4.19 米，阙身正面素平，无铭文。阙正面上刻朱雀，下刻铺首；西侧壁刻青龙。第一层背面亦刻荆轲刺秦图，亦是匕首掷入柱上，秦王惊慌而逃。荆轲，为战国末年刺客，卫国人，卫人叫他庆卿，游历燕国，燕人叫他荆卿，亦称荆叔。后被燕太子丹尊为上卿，派他去刺秦始皇。燕王喜二十八年（前 227），荆轲带着逃亡将军樊於期的头和夹有匕首的督亢（今河北易县、涿州市、固安一带）地图，作为进献秦王的礼物。献图时，图穷而匕首见，刺秦王不中，被杀死。第三、四层四面刻负重者、骑兽者、执杖人、庖厨、人首鸟身、铺首等，后侧转角处刻双螭嬉戏。此阙建筑古朴，雕刻优美，均独具一格。

沈府君阙在四川渠县燕家村。为双阙，子阙已废。二阙东西相距 21.62 米，阙高 4.84 米。阙身正面刻铭文，东阙刻"汉谒者北屯司马左都侯沈府君神道"，西阙刻"汉新丰令交趾都尉沈府君神道"，二人无可考。二阙铭文上端均镌朱雀，姿态生动，下端镌饕餮。东阙内侧雕青龙，口衔玉环之绶带，挣扎向上。西阙内侧雕白虎，隆准短耳，四足五爪，尾长而刚健，亦口衔绶带，给人以动感。枋子层有铺首，四侧为力士，力士用肩托住介石及斗拱层。阙周遍布反映汉代社会生产、生活的人物和动植物深浮雕，如有独轮车、农商交易、狩猎、骑鹿，以及牛、羊、马和树、草等。其中猎射场面中有二人为裸体，较为少见。此阙形制古朴，雕刻精致，是现存四川石阙之佼佼者。

冯焕阙在四川渠县北土溪赵家坪。仅存东阙，子阙已毁。阙高 4.38

米，由阙身、阙基、枋子层、介石、斗拱层、阙顶六部分组成，是一座完整的仿木结构建筑。阙身正面铭文下刻一饕餮。铭文刻"故尚书侍郎河南京令豫州幽州刺史冯使君神道"。《汉书》载"冯焕，东汉安帝时人，为幽州刺史，延光元年（122）被陷下狱，事虽辨明，已病死狱中"，安帝"赐钱十万，以子为郎中"。阙第一层刻纵横相交的枋子。第二层石块为介石，较薄，四面平直，上面布满浅浮雕方胜纹图案。第三层石块向上斜挑出，呈倒梯形，四角刻斗拱，两侧为曲拱，皆为"一斗二升"，富有装饰性。拱眼壁上正面雕青龙，背面刻玄武，线刻，细腻生动，刀法简练。最上面为阙顶，仿双层檐，庑殿式，筒瓦，瓦当雕草叶纹。阙雕刻极为精致，造型优美，为现存古迹少见。

杨公阙又名二杨阙，一为杨宗阙，一为杨畅阙。在四川夹江县东南双碑村。阙身以五块石垒成，高5.07米，宽1.33米。两阙相距12.9米。杨宗阙正面隶书"汉故益州太守杨府君讳宗字德仲墓道"16字。杨畅阙正面隶书"汉故中宫令杨府君讳畅字仲普墓道"15字。阙面图案及斗拱等已风化，仅可辨其梗略。左阙正面为一组龙形图案，偏右夹角镌巨兽追捕一羊，被力士阻拦，似为《阻虎食羊图》。右阙正面左方刻巨龙、猛虎作搏斗之状，虎尾扫扑一人在地，似为"龙虎相斗图"。

莒南孙氏阙在山东省莒南县北部东兰墩村。有顶二石，阙身一石，其左侧阴刻有"元和二年正月六日孙仲阳□升父物故行□□礼□作石阙贾直万五千"。正面浮雕，平面四周有栏边，环为三层，自上下分四栏。第一栏为四组：第一组在最上，左上角两人，前后均右向盘坐，右侧一人匍匐在地，仰首面对左边两人。第二组左侧两人，中隔一杵，相对跪揖，右侧一人倒竖。第三组左侧和中部刻一四脚兽，三长颈似三人首，长尾之上亦似坐有三人，背上有一头三身之鱼，右侧尾下有一龟，头向上伸。第四组左右两人作持拳对击状。第二栏，刻两骑士先后均左向行。第三栏，左侧两人前后盘坐，前下方有一琴，前者似作鼓琴状，后者似打击乐器，右侧跪一人扬袖而舞。第四栏，右两男，左两女，各跪立对揖。

功曹阙在山东平邑县城北八埠顶。建于东汉章和元年（公元87）。

原为双阙，现存西阙。西阙由灰青石四层筑成，高2.1米，面宽0.72米，厚0.59米，接近方形。周围边框凸线隐起，内框由水平凸线划为四格。上雕人像、车骑、禽兽、铭记等，阙身上面砌一石，高0.41米，雕为上下两层，上层挑出阙身少许，四角各镌斗拱一朵，阙顶刻成四注式瓦顶，底部刻檐椽一排，此种形制为北方汉阙所独有。

皇圣卿阙在山东平邑县城北八埠顶。建于东汉元和三年（公元86）。较功曹阙略大，形制与其基本相同。阙身刻浮雕车骑、兵卫、射猎、燕乐等图。阙形体壮硕稳重，造型特殊，是研究汉阙及汉代建筑的珍贵史料。

纵观整个石阙，形体结构有起伏，有韵律，风格古朴。再加以精雕的纹饰，使石阙这一艺术形式，既庄重，又华丽。由此可以看出，石阙不仅是建筑艺术，也是一种特殊的雕刻艺术。

汉阙的雕刻技法，多种多样，它独特的艺术风格表现在画面处理上，是善于利用汉阙阙顶、阙盖、介石、阙身、阙座等分层分格构图，把天上、人间、衣、食、住、行，包罗古今的众多事物，有条不紊地展现出来；把五彩缤纷的世界，形成构图复杂、饱满均衡、细致绵密的特点，刻画得惟妙惟肖，生动地再现了当时的社会生活，反映了当时的社会生产及科学技术。汉阙雕刻艺术的另一特点，是古朴而严谨，庄严而浑厚，构图简练、匀称、和谐，使整个汉阙上的建筑、书法、雕刻融为一体，形成一个整体美，构成了光辉灿烂的汉代文化，使之成为代代相传、至今焕发着奇光异彩的瑰宝，是我国雕塑史上的顶峰。

汉阙经历了一千多年的风风雨雨，凭借着当时强盛的国威和繁荣的经济，以其博大深沉而迷人的艺术魅力，反映了汉代人民伟大的创造才能，不朽的作品，至今依然感动和叩撼着人们的心灵。

第二节
霍去病墓表雕塑

>>>

西汉时期，以汉族为主体的多民族统一国家，得到了进一步的发展和巩固，而她的雕塑艺术秉承秦时期的遗风，新的成就突出地表现于大型纪念性石刻及园林、陵墓装饰雕刻上。遗存作品是堪称中国雕塑史上里程碑的霍去病墓石群雕。已发现的石雕作品有立马、卧马、跃马、卧虎、卧象、卧牛、蛙、鱼、野人、母牛舔犊、人与熊、野猪、蟾蜍等。

这批大型石刻，均用花岗岩雕成。作者运用循石造型的艺术手法，巧妙地将雕塑的种种技法加以融会，刻画形象以恰到好处，足以表现客体特征为度，决不作自然主义的过多雕镂，从而加强了作品的整块感与力度感，具有古朴浑厚、沉雄博大的风格特色，堪称"汉人石刻，气魄深沉雄大"之杰出代表。

霍去病（前140—前117），自幼善骑射，从西汉元朔六年（前123）18岁任剽姚校尉开始，到元狩四年（前119）为止，五年之内六次率军反击匈奴侵犹，屡立奇功，解除了西汉初年以来匈奴对西汉王朝的威胁进犯，为打开通往西域的道路，建立了不朽功勋，深受汉武帝器重，被封为骠骑将军和冠军侯。汉武帝欲对其营宅褒赏，他豪迈拒绝道："匈奴未灭，无以家为。"24岁病逝时，汉武帝十分痛惜，为表彰其功，纪念其人，于自己的茂陵东面选定霍去病墓址，昭命"为冢象祁连山"。以纪念霍去病在河西战役中取得的关键性胜利。

霍去病墓石群雕，没有出现霍去病的英雄形象，但错置于墓冢周围的各种石刻动物，却烘托出霍去病战斗生涯的艰苦。

置于墓冢前面的《马踏匈奴》石雕，则是这项纪念碑群雕的主体。在这件高168厘米，长190厘米的主题雕刻中，作者运用寓意手法，以一匹气宇轩昂，傲然卓立的战马来象征骠骑将军，以战马将入侵者踏翻在地那威风凛凛的表情，活灵活现地刻画出骠骑将军在抗击匈奴战争中

| 霍去病墓碑局部 |

建树的奇功；那仰面朝天的失败者，手中握有弓箭，尚未放下武器，这不啻是告诫人们切不可放松警惕。作为雕塑艺术，它不追求独立的欣赏性的审美表现意图，而是发挥表述所依附的墓葬观念的解说功能，其主题思想一目了然，浅显明确，手法却是含蓄深刻，耐人寻味的。作者构思是非常率直的，他将作品的外轮廓雕刻得极其准确、有力，从马头到马背，作了大起大落的处理，形象极为醒目。马腹下不作镂空处理，既利于保持作品整体感，又可以加重对失败者的镇压力量。他要表达骠骑将军转战于崇山峻岭、斩匈奴驱虎豹的险恶环境和壮丽人生。同时抒发对自然之热爱，烘托出墓主人一往无前的进取精神。要达到这种意境，对造型表现的风格必然有相应追求，自然、浪漫、抒情，达到了美术形式本身的审美独立性和可欣赏性，这也正是西汉纪念碑雕刻取得划时代成就的标志。

《卧马》高 144 厘米，长 360 厘米。作品的艺术处理手法奔放简洁，着力表现马的雄健，机敏。造型圆润、饱满，生意盎然。这件石刻重在传神，透过马的神态洋溢着浓厚的塞外草原粗犷肃杀的气氛。马作竖耳谛听状，由静态转入动态的神情表现得十分微妙。

《跃马》高 150 厘米，长 240 厘米。躯体动态矫健有力。作者对头部处理比较细致，扭动角度恰到好处，轮廓鲜明，面部特征加以强调，鼻梁挺直，双唇紧闭，双耳后掠，略施雕琢，马的前肢腾起，有凌空之势，结合形体概括，有力地完成了跃马的整体形象，达到豪迈昂扬的意境。

《卧牛》长 260 厘米，宽 160 厘米。作品将牛塑造得非常传神，意态安详，侧首远眺，有深厚的草原生活气息，牛背宽阔厚实，上圆下宽，牛首沉重，对牛的蹄、角作了适当的夸大，以此来显示其矫健而顽强有力的特征，艺术风格朴实浑厚。

《卧虎》长 200 厘米，宽 84 厘米。石形长圆，上端起伏似虎背，作卧虎状。形体有矫健壮伟之感，顺着天然石块的纹理，以线画勾勒出斑纹，给人以雄健丰满的感受。

《卧象》高 58 厘米，长 189 厘米。作者以手法简练灵活，表现了小象憨厚、稚态和活泼而又有几分狡黠的神态。小象的身躯借天然石块的形状，刻画得淋漓尽致，形态气韵皆足，立意清新。

《野猪》长 163 厘米，宽 62 厘米。作品躯干形体天然生成，艺术风格明朗而粗犷，野猪的头部刻工简略，却很有神。作者用浅浮雕加刻线稍事表现前后足、耳、口，有些部位的细节效果难以分辨是原石形还是加工过的体面。在这种随机处理中，对眼睛的刻画却毫不放松，三角形眼眶中包裹着圆圆的眼珠，显得凶猛而狡狯，在粗略的形体中甚为醒目，刻画出窥探动静，准备突袭的表情。

《母牛舔犊》长 274 厘米，宽 220 厘米。这件大型石刻，利用一块巨大而不规则的花岗岩，运用以浮雕为主的手法制成。由于作者采用循石造型的手法，对凹凸不平的石料表面未作打细加工，但形象轮廓清晰，层次鲜明，具有很强的运动感，非常耐人寻味。此作品包括大小两个动物，旧称《怪兽吃羊》，以为体型庞大的是凶残的猛兽，正在吞噬一只幼弱的羊羔。但细审之，大动物头生犄角，宽额方嘴，前肢有粗壮的足蹄，似为食草的偶蹄类动物；它伸出左前肢轻轻地抬起那幼弱的动物以嘴舔理小犊的绒毛，颇有爱抚之意。

《人与熊》高277厘米，宽172厘米。这是一件浪漫主义色彩浓厚的作品，表现出祁连山深处的荒凉意境。雕刻几乎全部采用浅浮雕的形式，但它仍属于循石造型的圆雕。石人体形粗壮，高额深目，隆鼻大嘴，耸起双肩，以铁钳般的巨手，用力抱住一头野熊，熊则紧紧咬住此人的下唇，斗得难解难分。作者用刀的功力很深，充分发挥了浮雕的表现力。

《蟾蜍》高70厘米，长154.5厘米。这件石刻利用一块形状与蟾蜍相似的岩石，略加镌雕，即成为一只蹲踞着即将跳动的蟾蜍，其意匠经营确有独到之处。蟾蜍的眼、鼻、口都刻得简略，但非常真切，且带着一排锯齿般的尖牙，前、后肢侧略事勾勒，似有似无，形象完整而浑厚。

从霍去病墓石雕塑造形中，我们不难看出这组造型体系不同于其他民族艺术，而是生与死的转折点上的造型表意。当然，就个体而言，它具有审美欣赏性，但其群雕的精髓却在于它以整体形态充当墓葬观念的表达工具，遵循着审美观念的制约和美术自身的发展规律，即根据要表达的主体态势而作形体上的取舍和加工的增减，因势取舍。

首先我们以三件石马作为比较，一是《跃马》、一是《卧马》、一是《立马》。《跃马》取势腾跃，颈背部为隆起的弓形，增加了上升和用力的感觉，头部到前蹄之间的石形是有利的，作为一个动势的烘托，使人浮想联翩。犹如奔马胸前的草丛、风尘，加大了整体前部团块的重量重心前移，增加了跃进感。《卧马》取势静卧，颈背部曲线平直，头部至前蹄间挖空，削去了前部团块，使重心后移，增加了稳定感。《立马》取势端正，颈背部曲线呈凹进的弓形，强调了骄傲的雄姿和松弛的心境。胸廓肥壮，身下不加镂空，增强团块感，重心下移。由于象征手法的运用，也使它具备了浪漫的特色，使观者联想的领域更加开阔，也充分显示了我国民族雕刻艺术的独具匠心。

霍去病墓石群雕，"为冢象祁连山"竖石象等各种猛兽动物，赋予陵墓一种天然气象，象征再现墓主征战建勋的环境。这不仅在形式上是一种创新，而且在陵园造型艺术上也是一种突破，它已经由原来的厌胜辟邪寓意上升到再现生前环境，体现人与自然之和谐关系的新层次。造型表现是服从于创作目的的，"为冢象祁连山"旨意，使冢上群体配置构成了祁连山参差错杂的起伏形状，同时表达了自然环境的丰富生命内涵。熊、虎、象采取各不相同的姿势活跃于祁连山所代表的大自然中，又有怪兽、野人等生灵增强了大自然的神秘感，同时它们又以自然生命的形象充当着山峰的构成部分，给山形以活力。这种将雕刻与陵墓有机结合起来的总体设计，在我国艺术史上是绝无仅有的。它所造成的艺术效果，既使人们如临大西北艰苦战斗的环境，又能激发对英雄的崇敬与怀念。这种不凡的艺术构思和非凡的造型，却源于 2000 年前中国古代的劳动人民之手，感叹之余，我们看到霍去病墓石群雕的艺术价值在于，从此打破了汉以前中国石刻艺术的程式，即不依靠像秦兵马俑那样浩大的场面来表露特定的思想与环境，而是选择若干生活片段，鲜明又气魄浑雄地显示战争艰险，战士无畏无惧的主题。

霍去病墓石群雕，突破了通常墓雕在整体气氛的追求及与环境协调的处理上，别具一格，更多的具有主题纪念雕塑的特点。

霍去病墓石群雕，可以归纳三点意义：①它是以反映西汉强盛的国力为中心的；②作品的性质是纪念碑式的雕刻，为纪念和表彰爱国英雄霍去病的功绩而制作的；③作品并没有直接描写霍去病的形象，却以"马踏匈奴"的精神，象征英雄人物的性格，没有具体描绘战争场面，不同于其他汉画像石中的战争图，用"为冢象祁连山"的形式，表现典型的环境。以动物的温驯和凶猛对比的手法，揭示了战争与和平，既是寓意，又是写实。

这批巨型雕刻物，以它们整体造型的风格来说，是正确地反映了汉时代强盛的国力。那种简练质朴和豪放不羁相互交织着的大气磅礴的活力，说明了 2 000 年前我们的雕刻工匠们是有如何雄大的气魄和卓越的艺术手法，创造出了在祖国历史艺术中特别突出的一批初期现实主义的美术作品。

秦汉实用装饰雕塑及
工艺雕塑

　　秦汉实用装饰雕塑主要是指日常用器的局部雕塑装
饰，包括镜子的花纹、灯饰、熏炉炉体上的雕塑、印
纽、铺首及衣带钩等。此外，还有一部分是雕塑工艺
品，包括一些形象生动，洋溢着勃勃生机的动物、人物
作品。如驰名中外的甘肃武威出土的马踏飞燕铜奔马雕
塑，就是一个典型的例子。

　　这些日用装饰及工艺雕塑，从质地上看，包含铜、
铁、玉石、陶、木等多种材质。从作品主题上看，既有
以羽人、天马、东王公、西王母等神仙为主题，也有以
宫人、牛、羊、房屋、车马等为主题，反映现实生活中
的实景实物。

　　秦汉的日用装饰及工艺雕塑作品本着美观与实用相
结合的原则，巧妙设计，形态大方，散发着古朴、浑厚
而又生动活泼的艺术气息。

第一节
秦汉实用装饰雕塑

>>>

一、铜器上的装饰雕塑

秦汉时期，铜器向小件生活日用器皿方向发展。装饰上不像先秦特别是商周青铜器那样繁缛。雕塑工艺用于装饰铜器主要反映在铜镜花纹、熏炉、灯饰等方面。

（一）铜镜

铜镜是汉代铸造品中最多的产品。雕塑工艺在铜镜上的反映主要在东汉中期以后的神兽镜、画像镜和龙虎镜中。作品采用浮雕、圆雕的手法，使主题纹样隆起，从而取得良好的视觉效果。由线条式的平面变化为半立体状，开创了后代铜镜高浮雕的制作手法。

| 西汉青铜镜 |

西汉蟠螭铭纹镜

1. 神兽镜

所谓神兽镜是以浮雕的手法表现主题纹样——神像、龙虎等的镜类。根据主体纹样的配列方式，又可分为重列式和环绕式两种。它流行的区域主要在长江中下游流域及其以南的地区。时间约在东汉中期以后。它的主题、形制和浮雕式的装饰技法，标志着中国铜镜的发展到了一个新的阶段。

（1）重列式神兽镜。主体纹样由上而下排列，其中以建安式神兽镜最为著名（这种镜因有建安纪年而得名）。安徽芜湖出土的一面神兽镜主体纹样自上而下分为五段：第一段正中为南极老人，两侧附以朱雀；第二段是伯牙弹琴，其旁边是钟子期；第三段钮两侧分别为东王公、西王母；第四段人首鸟身的怪物是司长寿的句芒，与它并排的是黄帝；第五段即最下段与玄武并列的是表示北极星的天皇大帝。从第一到第五段中还有五帝神像，这五帝是代表在北极周围由青、赤、黄、白、黑五色表示的五帝座。神仙像的周边有朱雀、玄武、青龙、白虎配置于钮的左右，有的整个身躯跨越了数段。

（2）环绕式神兽镜。亦称放射式神兽镜，神兽以钮为中心环绕排列。它还可分为环状乳神兽镜、对置式神兽镜和求心式神兽镜三种。

环状乳神兽镜是三组或四组神兽环钮配置。环状乳由天禄、辟邪等兽的部分骨节构成。兽首作龙形或虎形。主体纹样除东王公、西王母、伯牙、黄帝等群像外，还添加了侍神。

对置式神兽镜的特点是踞坐的两个神像两侧各置一向着神仙的兽。一神二兽形成了一个纹样单位。其间配置二神像和二神兽各一组，有的还配置其他一些神兽、禽鸟。对置的神像是东王公、西王母，二神像是伯牙和钟子期。

求心式神兽镜是指各个神像独立成为一个纹样构成单位。多为四神四兽相间配置，神像仍然是东王公、西王母、伯牙等。

秦汉至魏晋南北朝建筑雕塑史

2. 画像镜

画像镜是以浮雕式手法表现神像、历史人物、车骑、歌舞、龙虎、瑞兽等题材的铜镜。其主体纹样的立体感比上一类稍逊，但纹饰变化丰富，构思巧妙，雕刻技法各异。以生动的绘画手段使神人姿态自成一格，实为一种很好的艺术品。流行区域也主要在南方。

（1）历史人物画像镜中以伍子胥画像镜最为常见。以四乳将镜分为四区，环绕布置历史故事：两人席地而坐，相对交谈；着长裙相立二女；一人坐于帐幔之中；一人须眉怒竖，瞪目咬牙，手持长剑置于颈下。整个画面是描写春秋末年越王与范蠡策划谋吴，越王以玉女二人贿赂吴太宰嚭，吴王悠悠自得，伍子胥愤愤自刎的历史故事。

（2）神人车马画像镜。镜内区分为四部分，每部分分别配置神人车马。图案变化丰富：骏马、神人、侍者、羽人等各具神态。端坐的神人一般形体较大，描绘的是东王公、西王母的形象。马车形制多样，矫健的骏马，车后曳着的飘忽的长帛，传神地刻画了马车驰骋的场面。整个画面动和静的对比十分强烈。

（3）神人禽兽镜。四分内区布置纹样。内容是神人、龙虎、瑞兽等。神人形象也是东王公、西王母。

|西汉四乳四虺纹镜|

（4）四神、禽兽画像镜。以禽兽为主要内容，表现最多的是龙虎，再配以其他瑞兽。

3. 龙虎纹镜

主体纹样以圆雕的龙虎或龙纹为多。可分为龙虎对峙、盘龙纹两种。流行于东汉晚期。

（1）龙虎对峙镜。一龙一虎夹钮左右张口对峙，有的龙虎首间和尾部配以其他鸟兽、羽人、钱纹等。

（2）盘龙镜。主体纹样为高圆浮雕盘龙，龙身高低不一，张口屈身盘绕。钮及钮座成为龙身的一部分。有的还配置鸟纹、钱纹等。

（二）铜灯

灯具自战国以来便被贵族阶级视为重要的案头实用雕塑品，造型考究、华丽。

短暂的秦王朝没有给我们留下更多的实物，而汉代的灯具种类却极为丰富。雕塑工艺在灯具上的应用更是物象众多，构思巧妙，令人叹为观止。

汉代灯具分为盘灯、虹管灯、行灯、吊灯、筒灯几大类。汉代的能工巧匠们依据灯的各部位不同的作用，巧妙地将雕塑与功能相结合，创造了一件件精美的艺术灯具。向我们展示了他们的无穷想象力和创造力。

1. 盘形灯

顾名思义是有盘的灯，形状与高足豆相似。由盘、柄、座三部分构成。汉代的工匠们设计了许多像生的盘灯，构思极巧。云南个旧出土的跪坐人形盘灯，灯座为跪坐人形，双手各擎一灯盘，头上顶一灯盘，手臂可拆卸。河北满城出土的朱雀铜灯，灯柄为一扬尾展翅的朱雀，嘴衔灯盘，脚下踏一蟠龙为灯座。

2. 虹管灯

指灯体有虹管，灯座可盛水的一种灯具。这类灯中以满城汉墓出土的长信宫灯最为有名。此灯整体为一跪坐侍女形态，左手托灯，右手提罩，以手袖为虹管，处理得十分自然。灯的烟管、支架、灯体是利用人体的不同部位构造成的，美与实用的处理恰到好处。其艺术水平之高，在汉代铜灯中是首屈一指的。

秦汉至魏晋南北朝建筑雕塑史

3. 吊灯

是灯体有链条可以悬挂的灯具。湖南省博物馆收藏的一件匍匐人形吊灯，最上一条短链连接着一只凤鸟。凤鸟下接乳状盖，盖下三条链分别系于匍匐状铜人的左右肩部和臀部，人双手前伸承托灯盘。

（三）熏炉

熏炉是一种烧香料的日用器皿。炉体呈豆形，上有盖。盖高而尖，往往镂雕成山形，所以也俗称为博山炉。秦汉时期的人相信海上仙山一类的神话，博山炉炉盖上的山峦群峰常饰以飞禽走兽，穿插在云气之间，山间有孔，当炉内香料燃烧时，烟气从孔中冒出，宛如仙境。

河北满城汉墓出土的错金银博山炉，炉盖镂雕成山峦形，山势峻峭，峰回峦转，层叠起伏。山顶有猴，其一猴骑于独角兽背上。半山腰有二人。另有虎、野猪等动物 8 只，出没于山峦之间。炉柄镂空，互相蟠绕三条龙。造型庄重、饱满，线条优美，为同类器中最精美者。

▶ 两汉时期，博山炉已盛行于宫廷和贵族的生活之中。于炉中焚香，轻烟飘出，缭绕炉体，自然造成群山朦胧、众兽浮动的效果，仿佛传说中的海上仙山"博山"。除了博山香炉之外，魏晋南北朝时期还出现了青瓷或白瓷的敞口五足和三足瓷器香炉。

| 汉代博山炉 |

二、汉代实用装饰玉雕

汉代的玉雕在中国玉雕史上占有极其特殊的位置。它在承袭了战国以来艺术化玉雕的基础上，又将之进一步发展，提高了玉雕的艺术水准，也树立了汉代特有的风格。

汉代的实用装饰玉雕大致可分成璧环类、玉佩类、玉具剑、玉带钩及带头、玉铺首等几类。

1. 璧环类玉雕

汉代的璧环类器，多就其基本形状加以变化：平雕、浮雕，加上阴线刻画，镂空雕琢，无不尽其巧妙。广州南越王墓所出土的龙凤套环，设计巧妙。内圈之龙造型气势威武，首足及尾皆跃扬于圈外；外圈之凤，回首相合，整件玉雕极为和谐优美。玉璧外加龙凤和云彩镂雕，是承自战国的造型，到汉代逐渐将延伸在璧两端的镂刻集中到璧的上端。此类璧形体较大且多孔或环，便于悬挂。满城汉墓出土的一件挂式璧，上部延伸镂雕双龙及云纹。而最具汉风味的玉璧是在此类延伸镂雕中加上了"宜子孙"或"长乐"等吉祥字。山东青州所出镂雕玉璧，出廓透雕"宜子孙"三字及蟠螭纹。

汉代人喜欢用珠玉等珍宝装饰宫殿，除视觉上的美感外，听觉上也可享受其随风叮当之声乐美。汉代玉璧环的上述向上延伸的装饰形式与这种生活习惯有直接的关系。再次体现了美与实用的有机结合。

2. 佩玉

古人以佩玉来节制行度。汉代，佩玉在上层社会是极为普及的。玉佩由多种玉件组合而成。玉件形制小巧多变，其中精致者具有极高的艺术价值。其中以璜、觽、韘最多，制作也最精。

（1）玉璜。汉代玉璜以玉衡的变化最富艺术性。南越王墓中出土两件玉衡：一为双龙相向，以尾相连；一为双龙回首，以尾相连。二者皆属宝盖式，带有浓厚的战国风味。西汉末扬州妾莫书墓出土的玉衡，则显现了汉玉半抽象的风格。母题仍为龙、凤、云彩，却以抽象方式处理，使得整件镂雕呈现图案化的效果。这种多变、精致的玉雕，反映了汉代玉雕极艺术化的走向。

| 汉代青玉龙形璜 |

（2）玉觿和玉韘。汉代玉觿、韘形制变化多姿，龙、凤、勾云为常见的纹饰。北京大葆台汉墓出土的回首凤觿可作为这一时期的代表作品。西汉玉韘形佩多采用平面阴线镂刻手法，以大量勾云纹为陪衬。扬州妾莫书墓出土的一件可作代表，此佩摆脱了韘形居中不偏的传统造型，配合周围镂雕的勾云纹装饰，如挥动彩带的舞者，奔放中带着些许婉约。东汉的韘形器则采用圆润的浮雕技法，装饰母题也以动物纹样为主。

3. 玉具剑

玉具剑是指剑首、格部位以玉装饰，剑鞘上另饰以玉璏及玉摽。浮雕蟠兽纹样是汉式玉剑配件的主要装饰主题。在玉剑首、镡、璏、摽等方面都有反映。

4. 玉带钩和带头

带钩、带头是汉代贵族的腰带装饰部件。带头多呈前椭后方的样式。龟、龙、螭等神兽是它们的主要雕刻主题。

5. 玉铺首

汉代铺首为兽首衔环式。兽面巨目横眉的威武式样具有避邪的作用。雕工精致，具有极高的艺术价值。

三、秦汉其他实用装饰雕塑

秦汉的实用装饰雕塑除了以上的铜、玉石两大类外，其他还有金、银、陶、木等质地，但所存留下的实物不多。金银类以印纽多见，特别是汉印。汉代官印以纽制区分职位，出现了大量以龟、驼、龙、凤、虎、螭等兽类为造型的印纽。汉应劭《汉宫仪》："诸侯王，黄金玺，橐驼纽；列侯金印，龟纽；丞相、太尉与三公前后左右将军，金印，龟纽；二千石，银印，龟纽；千石以下，铜印，鼻纽；诸侯二品以上，金章，紫绶，龟纽或熊纽或貔纽；三品，银章，青绶，龟纽或熊纽、罴纽、羔纽、鹿纽；四品，银印，青绶，珪纽、兔纽；其他铜印，环纽。国有定制，不能私易之也。"陶质实用装饰雕塑主要反映在灯具、奁、熏炉等日用器皿上，其风格特点与同类铜器大体相似。长沙出土的雕花木板，则属传统的精巧木雕制品。

第二节
秦汉工艺雕塑

>>>

一、汉代青铜工艺雕塑

汉代的青铜工艺雕塑制品以武威出土的铜马群、广西合浦出土的铜屋模型、河南偃师出土的铜奔羊等为代表，具有很高的艺术价值。其中武威铜马群中包括了闻名世界的马踏飞燕铜雕塑。作品表现一匹雄健的骏马，一足踏着飞燕，奔驰在天空中。这种气势催人奋进。从艺术处理上看，造型生动，手法极为简洁，许多与奔腾无关的细节全部省略，而强调神态动势之处则强烈地表现出来。额上的鬃毛在风中飞舞，鼻孔张大，两眼充满生生之气，腿和四蹄结构准确。适度地夸张使其十分矫健

| 马踏飞燕 |

有力，被大大简化了的尾与昂扬的头相呼应，充满了奋进飞扬的神气。无论从造型上，还是从神态表现上看，这件雕塑品都可算是我国工艺雕塑史上的一颗明珠。

二、工艺玉雕

汉代的工艺雕塑主要是一些立体玉雕动物及人物，数量虽然不很多，但造型精美，绝非平雕作品可比拟。

陕西平陵出土的仙人奔马玉雕，整体呈白色，采用圆雕手法。奔马昂头挺胸，张口露齿作嘶鸣状，双目前视，两耳竖立。四肢弯曲，右前蹄腾空，脚踏云板，身饰羽翼，作飞腾状。马背上骑一仙人，头系方巾，身着短衣，威武异常。玉马肢体肥硕，雕琢精美，表现了西汉玉雕工艺的卓越水平，堪称绝世佳品。

汉代玉雕动物分神怪兽及自然写实动物两大主题。陕西咸阳出土的玉避邪，采用圆雕工艺，整体白色，兽角与背部有紫红色璞皮。张口露齿，直目前视。头生一角，腹有羽翅，呈捕物前之爬行状。同时出土的玉熊、鹰等则为写实造型，对鹰鸟之俯冲姿势和眼神，把握得十分成功。玉熊雕琢得圆润可爱，让人爱不释手。

第八章

秦汉边境民族雕塑和东汉末年佛教造像

8

第一节
秦汉边境民族雕塑

>>>

　　秦汉时期出现在中国境内的部族或种族有匈奴、鲜卑、乌桓、氐、羌、西南夷、百越和西域诸部族。经过考古工作者的不断努力，与这些民族有关的遗物不断出土，人们对于这些民族的文化特征的认识也在不断加强。在这些遗物中不乏精美的、富于民族特色的雕塑作品。它们从一个侧面再一次证实了我国的古代文化是各族劳动人民共同创造、相互影响的结果。

一、北方少数民族雕塑艺术

（一）匈奴的雕塑

秦汉时期，匈奴人生活在今内蒙古地区。在秦及汉初屡屡与中原王朝发生战事，由于当时的中原王朝国力衰弱，无力与匈奴对抗，所以汉初统治者对匈奴往往采取和亲政策，以求稳定。到汉武帝时期，卫青、霍去病大败匈奴，匈奴无力与汉抗衡，于是遣使和亲，边境从此平安。匈奴在内蒙古一代安居下来，过着游牧生活。中华人民共和国成立之后，在内蒙古中西部的土默特旗和林格尔、集宁二兰虎沟、清水河以及东北部的札赉诺尔、准格尔旗等地发现了不少匈奴人留下的遗物。在这些丰富的遗物中，有大量的动物形小铜饰，如马、牛、羊、驴、骆驼、鹿、狼、狐、鸮等。这些动物都是匈奴人民所熟悉和喜爱的。此外，还有为数不少的镂雕铜饰牌，内容反映当时匈奴人的征战、生活场景，有着相当高的艺术价值。

第一，动物形铜饰不论是平面雕刻的还是圆雕的，不论是表现一个整体的动物还是只表现动物的一个局部，都可以看出匈奴工匠们对这些动物有着深刻细致的观察，而且对它们充满了感情。许多动物的性格特征，是用极简练的手法表现得活灵活现。以下几例作品显示了匈奴工艺家们高度的认识和概括能力，以及处理装饰性造型的高超技巧。

警鹿。表现一只年幼的小獐鹿伏在地上，仿佛听到了远处的什么声音，它竖起耳朵，昂起头，警觉地眺望、倾听。这只小鹿是一个圆雕式的艺术形象。它那瞬间的机警神情，给观赏者留下了极大的想象空间，引发观赏者对北方草原更辽阔、更绮丽的遐想。

鸱鸮。这是一件片状铜饰，只取鸱鸮的头部为主题加以雕刻。两只圆溜溜的大眼睛紧挨在一起，几乎占据了整个头部的三分之一。两眼中间下方突起了一个尖尖的小三角形，这便是喙。简练的几笔，刻画出一个颇有神气的猫头鹰形象。虽然没有身体，没有耳朵，也没有羽毛，但这种基于生活的真实而作的艺术夸张和变形，正是构成装饰美的重要因素。

羊。一只卧羊，由于脊背和臀部造型曲线的丰润，显得格外健壮。不消说这是一只放牧得法，膘肥肉厚的羊。

第二，大量的镂雕铜饰牌是匈奴雕刻制品的另一大类。这些饰牌的花纹主题有鸟头形、蹲伏的或立着的动物形和兽群等形象。二兰虎沟、准格尔旗等地出土的饰牌中，对鹿、羊、马的造型十分生动，神态逼真。瓦尔吐沟、二兰虎沟等地的饰牌中还有虎吃羊、狼吃羊、群兽斗争的生动场面。这是匈奴人在内蒙古草原上所常见的景象。

艺术源于生活，匈奴人民热爱生活，畜牧、骑猎使他们对各种动物有着细致入微的观察和丰富的情感。因此，他们能够抓住各种动物的习性特征，创造出极富民族特色的艺术作品。通过艺术表现这些游牧民族的生活，这也是构成民族艺术特征的基础之一。

（二）鲜卑、乌桓的雕塑

秦汉时，在今内蒙古和辽宁北部地区生活着鲜卑、乌桓等东胡部族。他们的生活与匈奴相似，文化特征也有相类之处。

辽宁西丰西岔沟墓地被认为是一个乌桓族的墓地，其中出土了许多小铜饰及透雕铜饰牌，堪称经典之作。归纳起来，作品的主题有三：一是描写社会生活，二是描绘家畜动物，三是表现兽类搏斗。形象生动，栩栩如生。

战士捉俘饰牌：画面分两部分，反映战争场面。左半部有马拉战车，车上伏兽，远方还有树林；右半部为一骑马战士，一手执剑，一手抓住披发的俘虏。同时，一猛犬扑在俘虏身上，撕咬其颈。

双人骑兽佩剑臂鹰铜饰牌：雕刻了骑士出猎的景象，是他们狩猎生活的写照。

犬马铜饰牌：表现犬、马温静相处的画面。

鹰虎搏斗铜饰牌：表现鹰、虎之间的凶猛格斗。

二、两广百越各族雕塑

秦汉以后，两广地区居住着百越各族。这些民族的雕塑工艺最具代表性的作品即铜鼓鼓面上的装饰性立体大蛙。这些蛙均作立体浮雕状。数量有4、5、6只不等。有的作旋转方向排列，有的面向鼓心，有的背向鼓心，格式不一，神态各异。还有一种叠蛙，也称累蹲蛙，是一只大蛙的背上蹲一只小蛙，也有的蹲二三只小蛙，多达三四层，饶有趣味。

西南民族崇拜青蛙，禁忌将其当作食品。因此，以青蛙为装饰，用以祈求幸福、平安，子孙繁衍不息。

三、云南滇族雕塑艺术

居住在四川西南和云贵地区的少数民族，在汉代通称为西南夷。这其中的滇族，早在战国末期，我国的文献中就开始出现对其记载。到汉武帝时，滇族社会还处在奴隶制的社会形态之中。

1955 年至 1960 年间，云南晋宁石寨山地区发掘了几批墓葬，出土了大量秦汉时期的文物，为了解西南夷各族的历史和艺术，提供了珍贵的实物资料。

石寨山滇王室贵族墓的发掘，出土了大批精美的艺术品。其中一些青铜器的造型及装饰风格有着浓郁的民族风味。如铜牛枕，基本形状为弧形，上翘的两端为牛的造型，器身浮雕牛、虎等动物形象。牛虎案的造型更为奇特，牛皆作案面，牛尾上一虎，牛腹下又横一小牛，颇为生动。更为别具一格的要算是铜贮贝器，不仅造型少见，而且以民族的生活习惯为题材的图像，更令人感到某种神秘的色彩。石寨山出土的青铜器塑造了近 300 个人物，他们有着不同的服饰和头饰，构成了一部多民族的彩色画卷。

战争与祭祀是石寨山造型艺术所反映的两大主题。石寨山地区出土的青铜器中，有三件反映祭祀内容的雕塑组群。石 M12∶26 贮贝器器盖上，刻画一女奴隶主在楼上主祭，祭场陈列 16 面铜鼓，一个奴隶捆在柱上，柱上盘踞一条毒蛇，张开巨口正要吞噬这个奴隶。此外，还有两组杀牛的图像。石 M20∶1 贮贝器盖上，正中放着三面铜鼓，正在杀奴祭祀。另外，石寨山出土的一件铜饰牌上，描绘了两个武士得胜归来，手提人头，赶着牛、羊，还俘获了一个背小孩的妇女。表现战争杀人及掠夺财物、奴隶的场景。

另一方面，石寨山的青铜雕塑也广泛、生动地表现了当时的生产、生活和其他社会景象。雕塑中塑造了大量牛的形象。出土物中有许多青铜牛头，表示一种富有的现象。纳贡雕塑组，塑造了 17 个异族人物。他们头顶箩筐，牵着牛、马来进贡。

青铜贮贝器

贡纳青铜贮贝器

石寨山青铜器上的铸像是一种雕塑艺术，它真正是"塑"而不是"雕"，作品有着极强的雕塑感。形体的主要部分是塑出来的，很少用雕线的办法去表现结构的细节。形体的动态也是"塑"出来的，不用线条去表现飞舞的细节。装饰雕塑重点突出，层次突出，结构明确。在整体的一组雕塑中，强调对周围空间的感知性，就是从不同的角度、距离来感知雕塑组群的整体统一的效果。

用雕塑组群的方式表达复杂的内容，是石寨山雕塑艺术的显著特征。创造这些形象时，考虑到不同民族、人物的特点，应用了单个塑造的方法，每个人物的个性特点较为显著。

石寨山出土的丰富的雕塑组群代表着秦汉时代西南夷各族，特别是滇族在雕塑领域中所取得的辉煌成就，在我国雕塑史上占有不可忽视的作用。

第二节
东汉末年佛教造像

>>>

佛教起源于印度，西汉末年开始传入我国。但作为佛教代表物之一的佛像传入我国的确切时间，目前还无法说清楚。传说中，东汉明帝刘庄夜梦金人，遣使取经，携回佛像。这成为判断佛像流入我国的时间的重要依据。但毕竟是一种传说，至今还没有发现有利的实物例证让人们认识这种外来佛像的确切模样。

现存最早的东汉时期石刻和陶塑佛像，或混杂于道教的画像之中，或塑刻在原来神仙的位置上。如江苏连云港市孔望山发现的东汉末年佛教摩崖造像，释迦说法与涅槃变浮雕是毋庸置疑的佛教雕像。佛的基本形象与东汉画像石上的人物相似，而且杂置于道教神像之中。四川彭山崖墓出土的陶"摇钱树"座上塑造的佛像，则完全取代了传统神仙的位置。其姿态、衣纹的处理也与西王母像类似。摇钱树被汉人视为神树。常见的西王母形象，是当时人对传说中掌握不死之药的西王母崇拜心理和渴求长生不老、归天成仙的幻想意绪的表露。而佛像取代神像，说明这时的佛祖形象仅仅是作为一种神仙被人崇拜和供奉。

四川乐山麻浩崖墓享堂后壁上方的浮雕坐佛像，头顶有高肉髻，佩项光，身着通肩袈裟，右手作降魔印，左手置膝上执襟带状物，结跏趺坐。为厚肉浮雕，佛像面部已损，看不出它的神态。其身躯凸出于额枋，项光高出于额枋，为平面凸出的阳刻。但它露出的手与下体的线纹都是阴刻。它的上体的雕刻技法看来有了些变化，用了很深的刀痕使底部凹入而让衣纹凸出以表现和其他部分不同的质地，但基本上它和上述的技法是一致的。这种雕刻手法在很多汉代雕刻画像上可以见到。它的服饰既不是印度式的半披袈裟，也不是犍

| 汉代犍陀罗石佛像 |

陀罗式的通肩大衣，而是在很多汉代雕塑人像上可以见到的剪刀领式的普通衣着。整座雕塑表现出简单、粗野和劲健的风格。是东汉石刻佛像中较早的一尊。四川乐山柿子湾崖墓中亦有浮雕坐佛像，因风化严重，形象不清。

此外，山东滕州市画像石中的六牙白象，沂南画像石墓中室的八角擎天柱上所刻的带项光、手施无畏印的立佛像，均属东汉佛教雕刻遗迹。

总之，东汉时期是我国佛教雕塑的萌芽期，所存数量不多，制作工艺不精，形象古拙，不甚华丽。

下 篇

WEI JIN NAN BEI CHAO JIAN ZHU DIAO SU SHI

魏晋南北朝建筑雕塑史

张 勃

第九章

魏晋南北朝建筑与雕塑
发展简介

9

魏晋南北朝社会变动简况

>>>

一、群雄逐鹿与魏、蜀、吴三国鼎立

东汉末年，皇室动摇、宦官当道，中国处在深重的战争灾难之中。各地豪强纷纷招兵买马，以取得军事上的优势，进而夺取对中原的控制权。此时的中国老百姓生活困苦、流离失所，为了争取生存权而与统治阶级展开了殊死搏斗，农民起义此起彼伏。张角（？—184）等人以太平道为思想武器，聚集了上万民众与东汉政权展开斗争，谱写了一曲轰轰烈烈的农民起义的壮歌。

汉室将倾，而各路豪强则为了维护自身的利益和争夺对傀儡皇帝的控制权而加入到镇压农民起义的队伍中。

曹操（155—220）在这场混战中凭着过人的谋略和手腕最终控制了汉室的皇帝，他"挟天子以令诸侯"，控制了中原，进而厉兵秣马，准备挥师南下而一统天下；此时南方的孙权（182—252）承父兄的遗业，以长江为天堑，在江东与中原对峙，并与暂居荆州的刘备（161—223）联合抗曹，终于在赤壁之战中大破曹军，迫使曹操退回中原；刘备则进而占据西南巴蜀一带，这三股势力在一段时期内互有攻守，但都不足以吞并对方，终于形成鼎足之势。从公元220年曹操之子曹丕（187—226）称帝建立魏国起，至公元280年西晋灭吴为止，史称三国。①

二、三国归晋与八王之乱

公元265年司马炎（236—290）迫使魏帝退位，建立了晋朝，史称西晋。西晋于公元280年灭了吴国，统一了中国。这一次中国统一的时间是短暂的，西晋政权还没来得及恢复生产并休养中国长久以来的战争创伤，就很快又陷入了皇室贵族争权夺利的残酷斗争之中。

三国长期变乱，使农村经济遭到很大破坏，到西晋实行占田制，这对大地主非常有利，他们广占田地，拥有大量雇佣农民，如大地主王戎（生卒年不详）广收田园水碓周遍天下；石崇（249—300）拥有大量宏大华丽的屋宇房舍，水碓三十余处，奴仆近千人。西晋皇帝为了取得这些大地主的支持，不得不与他们保持比较好的关系，甚至在一些时候还要避让三分。如石崇与国舅王恺（生卒年不详，司马昭妻弟）斗富，豪奢至极，最终王凯不敌石崇。晋武帝（即司马炎）虽暗中帮忙，也未能比过石崇。可见当时大地主的财富甚至超过了皇室。②此外，另有一班士大夫们厌弃官场之污浊、愤世嫉俗又无能为力，于是不问政事，专尚

① 三国鼎立指魏（220—265，让位于西晋）、蜀（221—263，被魏灭）和吴（229—280，被西晋灭）三个国家政权的对峙，一般以曹丕称帝的年份（即220年）算起，实际上三国形成鼎足对立之势从赤壁之战曹操败退回北方之时（约208年）就已经形成了。

② 《世说新语》载："武帝，恺之甥也，每助恺。尝以一珊瑚树高二尺许赐恺。恺以示崇，崇以铁如意击之，应手而碎。恺以为嫉己之宝，声色甚厉。崇曰：'不足恨，今还卿。'乃命左右悉取珊瑚树，有三尺、四尺，条干绝世，光彩溢目者六七枚，如恺许比甚众。恺惘然自失。"

玄学清谈、佛家参禅，一派逍遥自在、超凡脱俗的形象，勾勒出了西晋时期文化艺术走向的一个重要的侧面。

距西晋统一中国不过十余年后，就发生了一批皇族王侯争抢皇位的"八王之乱"①，使农村经济再次遭受严重的破坏。此后连年爆发大饥荒，生灵涂炭、民不聊生，中原汉族政权元气大伤。这时中国北部匈奴、鲜卑、羯、氐、羌等主要少数民族势力则乘虚而入，直接进入中原而建立自己的统治政权。而内地深受压迫的各族百姓的起义也是此起彼伏，连绵不绝，西晋的江山摇摇欲坠。

公元308年，匈奴人刘渊（？—310）称帝，在平阳（今山西临汾西南）建汉国，史称前赵。前赵于西晋永嘉五年（311）攻陷洛阳，擒晋怀帝司马炽（307—311年在位）。后来晋臣拥立司马邺为晋愍帝（313—316年在位），退守长安（今陕西西安一带）。建兴四年（316），前赵围攻长安，晋愍帝出降，被送至平阳杀死，西晋宣告灭亡。

三、晋室南迁与十六国混战

西晋末年，北方人士为避战乱，大批逃往江南。这其中有大量士族地主，如王导（276—339）等。他们很快便与当地士族大户的势力取得联合，借以站稳自己的脚跟。西晋被前赵消灭后，公元318年，这批士族大户便在建业（今江苏南京）拥立司马睿（276—322）为帝，称晋元帝，接续晋朝的香火，史称东晋。此时南方人口骤增，来自北方的人士给南方带来了许多新的耕作方法、工具及礼乐制度、文化艺术等，于是南方的经济及文化都有了新的提高。

东晋注重士族门第，用以巩固大地主的地位，确保经济命脉始终掌握在士族大地主手里。他们大肆兼并土地，"擅割林池，专利山海"，生活舒适、奴婢数千②。许多大官僚地主们搜刮了大量金钱供自己享乐，

---

① 自永平元年（291）贾后专权起，至光熙元年（306）东海王司马越毒死惠帝、另立怀帝止，十六年间，晋室皇族自相残杀、互相攻伐，史称"八王之乱"。
② 大地主如陶侃（259—334）家有僮千数；刁协（？—322）家有田万顷，奴婢数千。

并出钱贿赂官府，买官购爵，充分显示了东晋皇室微弱、门阀氏族势力兴起的特征。此时建筑活动较多，如司马道子（364—402）筑灵秀山、辟池塘、建酒肆为乐；谢安（320—385）在山中营建别墅楼馆林竹甚盛。

陶渊明（365[①]—472）在《归去来辞》中有"童仆欢迎，稚子候门，三径就荒，松竹犹存……园日涉以成趣，门虽设而常关"的情形，他的乡居生活及无为清虚的思想更可从诗中看出："少无适俗韵，性本爱丘山，误坠尘网中，一去三十年。羁鸟恋旧林，池鱼思故渊，开荒南野际，守拙归园田。方宅十余亩，草屋八九间，榆柳荫后檐，桃李罗堂前，暖暖远人树，依依墟里烟，狗吠深巷中，鸡鸣桑树颠。户庭无尘杂，虚室有余闲，久在樊笼里，复得返自然。"[②]

这一时期东晋统治者乐于偏安，不思收复北方；而北方一片混乱，也难以顾及江南，使得江南地区在很长一段时间内社会相对稳定，手工业和商业都取得了较大的进步，为后来南朝有实力与北朝对峙奠定了物质基础。

四、南北朝的对峙与交流

北魏统一了北方之后，这里的社会经济才有所发展。北魏始建（386）是拓跋珪（371—409），其祖先是三国时期代北（今内蒙古、山西一带）鲜卑族游牧部落的酋长，后来定居从事农业。道武帝拓跋珪定都平城（今山西大同），开始向封建社会过渡。孝文帝拓跋宏在位时（471—499）极力推行汉化政策，实行均田制，计口授田，社会逐渐繁荣，人口也超过了南方。北魏采用士族制度，鲜卑族以元、长孙、宇文、于、陆、源、窦等姓氏的贵族最为高贵，汉族则以崔、卢、李、郑、王为大户。

北魏中期逐渐加剧了剥削政策，致使人民生活再次陷入困境，"农夫哺糟糠，蚕妇乏短褐，故令耕者日少，田有荒芜。"相反，富家大户

秦汉至魏晋南北朝建筑雕塑史

---

① 陶渊明生年或为公元 372、376 年，见《辞海》，上海辞书出版社，1980 年版。
② 《归园田居五首》其一。

则通过残酷的剥削和压榨占有了无数的土地和财富，"富贵之家，童妾炫服，工商之族，玉食锦衣"。

北朝有许多士大夫生活较南朝简朴，与南朝小家庭相反，北朝盛行大家庭，① 大户聚族而居，便于互相关照。如许询、崔枢、杨侃、杨播、李几、王间、盖俊② 等或三世同居，或六世、七世同居，多至家有"二十二房一百九十八口"。他们不像南朝士大夫那样热衷于田园乐事，而更重宗法制度，体现了北朝政局不稳、社会动荡情况下人们团结自保的心理。

东晋末年，朝臣叛乱，人民起义，社会动荡，而皇室十分软弱，只有依靠大的地方势力帮助维持其统治。将军刘裕（363—422）逐渐掌握了兵权，进而控制了皇帝，并于公元420年，迫晋帝让位，自立为帝，建立了宋朝，是为南朝的开始。此后，齐、梁、陈三朝交替更迭，与北朝对峙，直至公元589年陈朝被隋朝攻灭为止。

南朝延续了东晋以来的制度，总的来讲阶级矛盾并未缓和，社会依然动荡，皇室和士族名门无节制地追求奢侈享受，精神生活极度空虚。佛教盛行于世，佛寺大量出现；玄学清谈大行其道，由此引发私家宅园的兴盛。文人、士大夫在其占有的土地上大修私园，成为风尚，如沈庆之（386—465）"居清明门外有宅四所，室宇甚丽，又有园舍在娄湖……广开田园之业"；阮田夫（生卒年不详）"宅舍园池诸王邸第莫及，妓女数十，艺貌冠当时……于宅内开渎东出十许里"；孔灵符（生卒年不详）"家本丰，产业甚广，又于永兴立墅，周三十三里，水陆地二百六十五顷，含带二山，又有果园九处，为有司所纠，诏原之"；谢灵运（385—433）等人田园别墅也很多，这些都说明南朝士人大地主营建宅园的情况。

---

① 如《日知录》载，"宋孝建中，中军府录事参军周殷启曰：今士大夫父母在而兄弟异居，十家而七。庶人父子殊产八家而五"。《魏书·裴植传》曰："各别资财，同居异爨（灶），一门数灶，盖染江南之俗云"。隋卢思道聘陈嘲南人诗曰："共甄分灶饭，同铛各煮鱼"。

② 许询、崔枢、杨侃、杨播、李几、王间、盖俊等，生卒年均不详，都是北朝士族大户。

魏晋南北朝建筑和雕塑发展概况

>>>

一、建筑的发展与成就

魏晋南北朝时期，战争频繁，前朝的建筑成果大都毁于战火，故而这一时期重建的项目非常多。这一时期，中国社会的动荡造成思想领域发生很大的变化，其影响必然反映到建筑活动之中。

从城市建设角度而言，这时期的城市规划兼而考虑军事和政治两方面的问题。从军事上讲，城市的任务是保卫国君，故而在建设中往往将宫城居中，外面再设内城、外城等几道城墙，层层设防，十分严密；从政治上讲，城市要体现皇权的威严，故而在规划时考虑了城市内的等级分区、主要轴线和空间序列等因素，使得封建等级尊卑制度一目了然，这是中国古代城市规划中特别注重的方面。魏晋时期，曹魏邺都在这方面开了先河，对战国至秦汉以来的城市传统作了较大的变动，形成了新的城市模式；而北魏洛阳则将这一模式进一步完善，它们对后来历代的城市建设都有深远的影响。

佛教在这一时期异常兴盛，社会上普遍存在着狂热的宗教信仰。在这种社会环境下，佛教建筑大量出现，高耸的佛塔、庄严的佛寺、宏伟的石窟以及不计其数的造像、碑刻等，为这一时期的社会平添了一道独特的风

| 南北朝石膏坐佛范 |

景线。值得注意的是，佛教来自外域，它给中国带来的远不仅仅是一种宗教信仰而已，我们现在所知道的中国传统文化，可以说大半来自佛教的影响。不把佛教在中国的影响研究清楚，我们就"无法写什么中国哲学史、中国思想史、中国文化史，再细分起来，更无法写中国绘画史、中国语言史、中国音韵学史、中国建筑史、中国音乐史、中国舞蹈史等。总之，弄不清印度文化和印度佛教，就弄不清我们自己的家底。"①

这一时期社会的大动荡造就了思想异常活跃的局面。除了外来的佛教，中国已有的老庄思想也被重新挖掘和认识，其清虚无为、出世脱俗的主张感染了大批愤世嫉俗、精神空虚的文人、士大夫，进而发展形成了玄学盛行一时的局面。士人强调归隐、修身、无为而治、自我享受。他们走入名山大川，寻仙问道，欣赏自然之美，形成和确立了崇尚自然山水的美学思想。这种美学思想影响到他们的建筑实践，给中国私家园林开了先河，为中国园林艺术注入了无限的活力。

总之，魏晋南北朝时期是中国历史上一个十分重要的承上启下的时期。北方的很多游牧民族都在这一时期被纳入了中华民族的大圈子里。中国文化也发生了巨大的转型，秦汉以来形成的中原文化被注入了新的因素，魏晋南北朝时期完成了对这些外来新因素的消化、分解，为后来隋唐的全面吸收打下了坚实而必要的基础，为中国建筑文化和艺术达到辉煌的顶峰铺垫了道路。

二、雕塑的发展与成就

中国的雕塑艺术源远流长，有非常悠久的传统，其源头可追溯到原始社会。商周时代，出现了造型精美、装饰生动的青铜器；秦汉时期，大型石雕和陶塑气势恢宏，显示了当时国力的强盛。但总的来说，魏晋以前，中国雕塑的题材仍不够广泛，手法较为单一。除了墓葬俑和兽类题材以外，雕塑多局限在日常器物和建筑的装饰上，极少用圆雕。

魏晋南北朝时期，宗教情绪十分狂热，雕塑题材逐渐偏向于宗教。

---

① 季羡林《我和佛教研究》，文史知识编辑部编《儒佛道与传统文化》，中华书局，1990年版。

佛教的传入使得中国雕塑艺术广泛地吸收了外域文化的营养，在前朝的基础上取得了飞跃，无论在作品的规模、数量、雕刻技巧，还是题材内容和社会影响，都超过了秦汉时期的水平。

这一时期的雕塑可分为佛教雕塑和陵墓雕塑两大类。佛教雕塑的特点是表现题材广泛、手法形式多样，思想内涵十分深刻。其形式和内容，包罗万象。以人像为例，从神到人，由皇帝到劳动人民，由圆雕到线刻，由铜铸像到石造或泥塑，变化极多。由早期的印度、西域中亚风格，逐渐发展演变为中国化、民族化与外来风格相结合的面貌。外来的和宗教的营养，使中国雕塑艺术面貌一新。宗教情绪的高涨极大地激发了能工巧匠们的创造力，故而他们的雕塑作品表现出时代理想与个人理想的高度统一，是时代面貌的真实写照。

在表现技法上，以浮雕的成就最为突出，它从前代常见的接近于平面绘画的形式，发展成为完整、丰满的高浮雕和低浮雕。这些浮雕和圆雕、线刻往往在同一作品中互相结合，共同表现其主题，使主题达到鲜明的效果。

泥塑在这一时期也揭开了辉煌的序幕。丝绸之路沿线的岩质疏松，不

北周石雕　佛二菩萨

| 东魏鎏金佛、菩萨三尊造像 |

北魏司马金龙墓俑

宜雕刻，中国的能工巧匠们化不利因素为自己的特色，创造性地发展了泥塑彩绘艺术，把雕塑与绘画完美地结合在一起，创造了诸如敦煌莫高窟、麦积山石窟等一批雕塑艺术宝库。

佛教雕塑中的建筑装饰和工艺美术雕塑都有出色的成就。如建筑装饰，从整体结构到局部花纹，特别是千变万化的佛龛布局和龛楣装饰，无不显示出中国社会包容万象的吸收能力和博大精深的艺术底蕴。外来题材的加入，最终丰富了中国的文化。自魏晋南北朝以后，中国的雕塑艺术形式就越发显得富丽多彩了。

陵墓雕塑，是中国传统的雕塑类别。在魏晋南北朝时期，其成就无

秦汉至魏晋南北朝建筑雕塑史

108

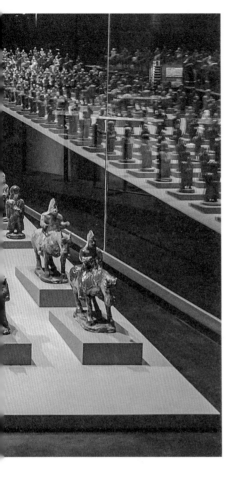

论在数量和类别上虽都不及佛教雕塑，但也充分体现了当时雕塑发展的一个重要的侧面。虽然国家动荡，朝代频繁更迭，但任何一个统治者都不会放弃为自己营建一个供死后"永享富贵"的居所。尽管国家财力难以为继，统治者仍然为自己设置了尽可能豪华的陵墓。在装点陵区方面也尽力铺陈了一番。其承前启后的艺术价值是不能否认的，它继承了两汉的传统，也吸收引进了一些新的题材和表现手法，为唐代盛行的陵墓雕刻树立了典范。在形象神态方面极具个性，从秦汉的矫健灵活、古朴优雅走向雄健成熟、威猛硕大，充满了霸气。陵墓中的人物俑像，形态各异，充分反映出不同民族的特点。

从总体的风格上说，这一时期的雕塑与同时代的绘画有相似的趋向。唐代艺术评论家张彦远评南朝陆探微的画，谓为"精利润媚，新奇妙绝"。这种绘画风格所表现出的笔迹劲利、秀骨清风及曹衣出水的样式，同样反映在雕塑当中。

总之，魏晋南北朝时期的雕塑艺术取得了卓越的成就，开创了一个新时代，为中国历史上灿烂辉煌的盛唐雕塑的全面兴盛和蓬勃发展奠定了雄厚的基础。

第十章

魏晋南北朝时期的建筑

第一节
都城建设与城市规划思想

>>>

一、主要城市建设

（一）曹魏邺都

曹操所建的邺都在今河南安阳东北，北临漳水。现存遗址处城西北角的一些台址外，大都无存，但结合晋左思《魏都赋》和张载的注，可推知其布局。

从考古遗迹来看，该城布局十分完整，在规划设计上是一座富有创造性的城市。它有总体性的规划，城平面呈长方形，东西 3.5 千米，南北 2.5 千米[①]。南面开三

[①] 一说"东西约 3 千米，南北约 2 160 米"。见刘敦桢主编《中国古代建筑史》，中国建筑工业出版社，1984 年版，第 46 页。

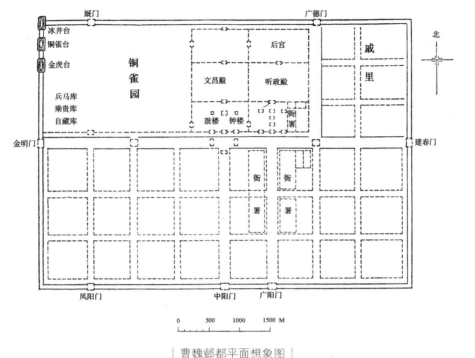

曹魏邺都平面想象图

座城门，北面开两座门，东西各开一座。从平面布局看，整个城市分为东西两部分，中间以一条横贯东西的大道相分隔。大道北部为宫殿园林及达官贵族居住区，南部为一般百姓居住区，宫城建于北部正中央，主要宫殿（大朝）建于宫城的中央。大朝之东为处理日常事务的常朝，西侧为皇家禁苑——铜雀园。在铜雀园西侧的城墙北段筑有铜雀三台，中为铜雀台，南为金虎台，北为冰井台。三台都很高大，间距约85米，上面各建屋宇100余间，周轩中天，呈院落式布局。在台上可东望铜雀园，西望城外之玄武苑。玄武苑内有玄武池，水面宽大，是曹操演练水军的地方。此三台实为城中重要的军事制高点，登台四望远近了如指掌。同时，此处也是主要的游玩赏景之所在，当年曹操曾在这里大宴群臣，并留下了一段诸将校射的历史故事。禁苑西面沿城墙一带是仓库区，用于存放粮食和其他物资，此外还有武器库和宫廷专用的马厩。宫城以东是贵族居住的区域，宫城南部是行政官署区。官署规划得十分整齐，在空间序列上成了宫城的门户和导引。城内大道笔直，交通方便，

｜铜雀三台遗址｜

⬆ 三国时期，曹操击败袁绍后营建邺都，修建了铜雀、金虎、冰井三台，即史书中之"邺三台"，是建安文学的发祥地，铜雀台到明代末年已基本被毁，地面上只留下台基一角。

城市供水由地下伏流引入，类似于今天城市中的地下水利管网。伏流上通常以石板覆盖，可随地揭开取用饮水，颇为方便。

曹魏邺都继承了前代以宫城为主体规划都城的思想。邺都是在战乱年代修筑的都城，必然首先考虑其军事设防。宫城是皇帝居住和处理朝政的地方，是整个都城乃至全国的核心，故而安排在都城中部，以利防卫。而禁苑是为皇室游玩所设，官署为皇帝诏令的执行机关，与宫城联系紧密，故而紧挨宫城而设。至于一般百姓的住房，则放在距皇宫较远处，以避免与皇室活动相干扰，同时又以外城墙将其包围、保护起来，完全符合"造郭以守民"的思想。这种将宫室、苑囿、官署和百姓居住区明确地划分开的做法，是邺都不同于前代都城的独特创造，对后来南北朝、隋唐以至明清的都城规划都有着深远的影响。

（二）曹魏、西晋和北魏洛阳

洛阳位于黄河流域的中心位置，它与西安、开封、南京、北京、杭州和安阳，同誉为中国的七大文化古都。它北依邙山，南临洛水，地势

秦汉至魏晋南北朝建筑雕塑史

112

平坦，是建都的风水宝地。东周时就已在此建都，战国至西汉时此处是全国性的商业都市之一，东汉、魏晋、隋唐时代更是世界性的经济、文化中心。这里交通发达，汉魏时期，这里与北方军事和贸易重镇蓟（今北京）、南方冶铁中心宛（今河南南阳市）都有很密切的联系。那时洛阳被称为"天下之中"，四方入贡皆都来此，《史记·周本纪》载："此天下之中，四方入贡道里均"。虽然洛阳的自然条件有许多优越之处，然而在汉魏时期这里也显得土地狭小、人口众多而急需改建扩大。为了使洛阳的农业生产能够适应城市迅速扩大的要求，同时减轻城市漕运的压力，从汉魏至隋唐，各个王朝都曾设法促进此地农业生产的发展，提高单位面积的产量，对于农田水利事业也都很重视，而且也取得了一定成就，对巩固洛阳的中心地位发挥了相当大的作用。

1. 曹魏洛阳

公元 220 年，曹丕称帝，建魏国，并把都城从邺迁至洛阳。此前洛阳已在汉献帝初平元年（190）迁都长安时毁于战火，故而曹魏洛阳实际上是在东汉故址上重新修建起来的。

东汉洛阳平面呈长方形，南北约 4.5 千米，东西约 3 千米，城内主要建筑采取了南北宫制度，在城市的南北向中轴线上布置了巨大的南北二宫。①

曹魏洛阳新都从规模上看，基本没有超过东汉洛阳的范围，城市内部具体的布局，现在尚无准确的资料，但从史料记载分析，此时的洛阳受邺都的规划思想影响很大，应该打破了东汉洛阳南北宫的形制。由于当时军事防御的因素仍是主要的考虑因素，所以城内还很注重高台建筑的营建，如魏文帝曹丕"以大将军曹仁为大司马，十二月行东巡，是岁筑凌云台"②"铸作黄龙凤凰奇伟之兽，饰金墉凌云台。"③此台高一二十丈，其上有楼，登楼俯视远近事物，一目了然。高台矗立，也是洛阳城一处很好的景观。因为人力缺乏，魏文帝亲自参加了营建洛阳的活动，

---

① 参见《中国大百科全书·考古学》，第 181 页。
② 《三国志·魏文帝纪》。
③ 转引自刘致平《中国居住建筑简史》，中国建筑工业出版社，1990 年版，第 23 页。

他亲自到现场掘土劳动，在他的带领下，"三公以下莫不展力。"① 此后魏明帝曹睿（226—239 年在位）也模仿其祖父曹操在邺都筑铜雀台的做法，在洛阳城的西北角也筑起了金镛城。该城南北约 1 080 米，东西约 250 米，分隔为三部分，各有门道相通。这实际上是一座军事城堡，在洛阳城中它依邙山山脚而建，地势最高，居高临下，是真正的军事制高点。

此外，洛阳城中也设置了皇家苑囿，魏文帝曹丕曾"取白石英、紫石英、五色大石于太行毂城之山，起景阳山芳林园"。

2. 西晋洛阳

西晋皇帝司马氏家族，原是曹魏的大臣，后来逐渐掌握了朝中大权，终于在司马炎时用曹丕逼迫汉帝退位的办法，如法炮制，令魏帝下台，自己当上了皇帝，建立了晋朝，史称西晋。西晋迅速灭掉了吴国，完成了对中国的统一（此前曹魏已经灭了蜀国）。

尽管西晋一统了中国，但在中国历史上它并没有扮演中兴富强的角色。它好似夜空中的流星，稍纵即逝，没有来得及在国家建设上采用新的措施，大体上沿袭了曹魏的制度。在都城建设上，西晋完全继承了魏都洛阳，也添建了一些宫观园林，但还没进行什么大规模的建设，就爆发了"八王之乱"。西晋只经历了一二十年的统一局面，就又陷于分崩离析的边缘，而这一次，大量少数民族政权突起，导致中国的面貌发生了自春秋战国以来最为天翻地覆的变化。

晋初天下财物集中洛阳，群臣上下贪污腐化，奢靡成风。皇亲国戚与财主大户竞相斗富，为了压过对方不惜以杀人为乐。如石崇②、王恺都曾为了向宾客摆阔气要威风而杀掉自己的侍女。

---

① 刘致平《中国居住建筑简史》，中国建筑工业出版社，1990 年版，第 23 页。
② 石崇是靠在荆州打劫致富的。他堂宇宏丽，晚年生活颇为放荡淫逸，在洛阳置金谷园，名河阳别业，并自撰《归思序》曰："余少有大志，夸迈流俗，弱冠登朝，历位二十五年，五十以事却官，晚年更乐放逸，笃好标棻，遂肥遁于河阳别业。其制宅也，却阻长堤，前临清渠，柏木几于万株，江水周于舍下。有观阁池沼，多养鱼鸟，家素习伎，颇有秦赵之声。出则以游目弋钓为事，入则有琴书之娱。又好服食咽气，志在不朽。"

《晋书》卷五十九载："帝京寡弱，狡寇凭陵，遂令神器劫迁，宗社颠覆。数十万众，并垂饵于豺狼，三十六王，咸损身于锋刃，祸难之极，振古未闻。虽及焚如，尤为幸也。自惠皇失政，难起萧墙，骨肉相残，黎元涂炭，胡尘惊而天地闭，戎兵接而宗庙隳（huī，毁坏）。支属肇其祸端，戎羯乘其间隙，悲夫诗所谓，谁生历阶，至今为梗，其八王之谓矣。"可见"八王之乱"的自相残杀把中国推向了前所未有的动荡时期，随着匈奴刘渊一举攻入洛阳，揭开了十六国混战的序幕，洛阳也再次沦为焦土。

3. 北魏洛阳

北魏孝文帝元宏（467—499）当政后，重视农业生产，农业进步较快。作物栽培、家畜饲养、农产品加工等都达到了相当高的水平。

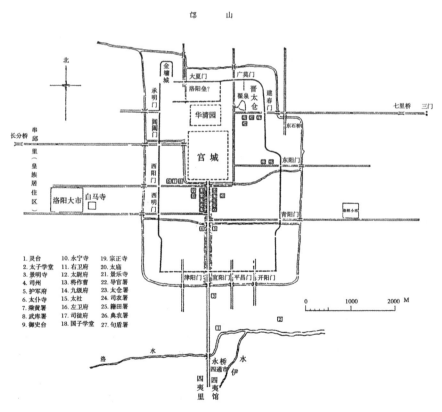

1. 灵台
2. 太子学堂
3. 景明寺
4. 司州
5. 护军府
6. 太仆寺
7. 乘黄署
8. 武库署
9. 御史台
10. 永宁寺
11. 右卫府
12. 太尉府
13. 将作曹
14. 九级府
15. 太社
16. 左卫府
17. 司徒府
18. 国子学堂
19. 宗正寺
20. 太庙
21. 景乐寺
22. 导官署
23. 太仓署
24. 司农寺
25. 籍田署
26. 典农署
27. 旬盾署

北魏洛阳城平面想象图

太和十九年（495），北魏从大同迁都至洛阳，在汉晋故城基础上进行重建。当时洛阳城已是一片废墟，孝文帝为推行汉化政策，在城市建设上也以汉族政权的都城（如西晋洛阳遗址、南朝建康）为蓝本。史载他曾派大臣蒋少游（生卒年不详）到建康去考察，并仿其布局建造洛阳，这就使得曹魏邺都的规划思想经由建康影响到了北魏洛阳。

新建的洛阳城"东西二十里（10千米），南北十五里（7.5千米）"①，规模大大超过了汉、魏之洛阳。它采取了宫城、内城（京城）和外城内外三圈城墙的做法，城内分区整齐有序，街道平直。内城的布局与曹魏邺都相同，分为南北两大部分，宫城居于内城之中央偏北。宫城南门外是丁字形相交的两条主要的城市大道，与邺都不同的是其中东西向的大道不及南北向的大道（铜驼街）宽阔，也就是说北魏洛阳更注重宫城外南北轴线的规划设计，铜驼街宽约40米，是全城最宽广的一条御道，直接把内城的南门宣阳门和宫城的南门阊阖门连接起来，大道两旁均为中央机构和社稷、祖庙等重要处所，它们构成了到达宫城的重要的前导空间，增加了城市空间的层次性，这一做法直接影响了后来唐长安城的布局规划。以铜驼街为骨干建有220座里②，这是百姓及达官贵族居住的地方。

商业区较多，如大市、小市、马市和四通市等，都布置在外城，靠近交通要道，并有便利的漕运相通，对于商业活动的开展是十分便利的。大市在西阳门外四里御道南，是城西的商业中心，围绕在大市周围的十座里内，"多诸工商货殖之民"③。西去的大道从这里开始，隆重的送行仪式也在西阳门外进行。小市在东城青阳门外御道北，是粮食交易市场。市上所卖多有鱼类，时人称为鱼鳖市④。马市在东城建春门

---

① 《洛阳伽蓝记》卷五，凝圆寺条。这是景明二年（501）扩建后的外廓尺寸。
② 据《北史魏书·广阳王嘉传》记载，在外城还"筑京师三百二十坊……各周一千二百步，……虽有暂劳，奸盗永止"。意思是修建了许多四面设墙的坊，以便于对居民的看管，显示出城市生活不自由的一面。这种里坊制度为隋唐所继承。
③ 《洛阳伽蓝记》卷四，法云寺条。
④ 《洛阳伽蓝记》卷二，景宁寺条。

外阳渠东石桥之南，是交易牲畜的市场。洛水横流城南，南城宣阳门外，洛水上有浮桥，叫永桥。四通市在永桥之南，也叫永桥市。这里北靠洛水，南近伊水，是水陆交通皆很方便的地方。西域商人都在这里活动，北魏政府在这里为胡商设有崦嵫（yān zī，山名，在甘肃省）馆和慕义里，供他们进行商业活动和旅居。"自葱岭以西，至于大秦，百国千乘，莫不欢附。商贾贩客，日奔塞下"，所以"天下难得之货，咸悉在焉"①，一片繁荣景象。这四个市的位置反映北魏的市与传统的"面朝后市"位置的不同。北魏洛阳城的市设在宫城南面，且在大城之外。这样的布局自然与利用地理条件不无关系。大市在千金堰引来的谷水和洛水之间，又当西去大道之侧。马市和小市都在城西阳渠附近，也就是在漕运渠道的近处。至于四通市正是洛、伊之间夹河长洲上的大市。这几市的设置与交通条件密切相关，同时应当看到，市场的多样与繁荣是与当时城市经济的发展分不开的，但统治阶级出于防卫和控制人民的需要，仍不允许商业贸易活动在城市里自由地进行，故而大的市场全集中在外城。

皇家苑囿的位置也与曹魏邺都、洛阳故城相同，仍在宫城之西，并在内城西北角设凌云台，为一处制高点。园林仍是皇家禁苑，不对一般人开放，规模大体仍沿袭魏晋，如西游园、凌云台、华林园等，都只是略有增筑。

北魏洛阳是在以前都城建设基础上的一次提高，虽选择了曹魏、西晋的旧址，但可以说是全新的规模设计，比之邺都，则更有商业化城市的气氛。

（三）北魏平城②

平城，即今山西大同，位于山西北部的大同盆地之中。山西地区地理位置重要，是中原与北方游牧部落进行贸易的主要通路，同时山西为黄土高原的主要组成部分，地势很高，地表多山，在军事上是易守难攻

---

① 《洛阳伽蓝记》卷二，龙华寺条。
② 郭黎安《魏晋南北朝都城形制试探》，《中国古都研究》第二辑。

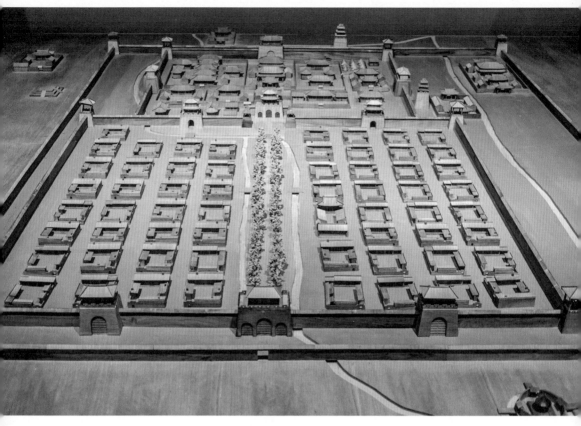

｜北魏平城模型｜

之地 ①。平城的位置在山西又尤为重要,它地处盆地,是山西境内主要
的农业区之一,"东连上谷,南达并、恒,西界黄河,北控沙漠""据天
下之背" ②。它的北面和西面是方山和武周山,南面为桑干河,符合风水
之"背依青山、面向大川"之形势。由此看来,平城作为边塞重镇和中
原门户的地位是极为自然的。所以这里自古为兵家必争之地,战事十分
频繁,"多大举之寇",处在此地的代北人民,人人习武,蔚为风尚 ③。

——————————

① 《读史方舆纪要》卷三九《山西一》载:"(山西)表里山河,称为完固,且北
　收代马之用,南资盐池之利,因势乘便,可以拊天下之背,而扼其吭也"。
② 《读史方舆纪要》卷四四《山西·大同府》。
③ 《山西志辑要》卷五《大同府·风俗》载:"习尚武艺,信义相先"。

秦汉至魏晋南北朝建筑雕塑史

北魏拓跋氏的祖先拓跋猗卢（生卒年不详）曾于晋愍帝建兴三年（315）在这一带被晋朝封为代王。公元338年，拓跋什翼犍（320—376）正式建立代国，至公元376年为前秦苻坚所灭。后来太祖道武帝拓跋珪（371—409）乘淝水之战前秦趋于瓦解之机，又于公元386年在此地称帝，建魏国，史称北魏。

北魏从建立到孝武帝永熙三年（534）分裂为东魏和西魏为止，共计148年，而在平城建都的时间将近一百年。在这期间，世祖拓跋焘"经略四方"①"廓定四表，混一戎华"②，统一北部中国；高祖拓跋宏颁布了均田令，编户籍、订赋税，推行汉化政策，北魏王朝"四方无事，国富民康"③，一片繁荣的景象。所以说北魏王朝最为活跃的时期，是都平城的时期，平城在北魏王朝的历史而言占有重要的地位。

北魏鲜卑族人世居代北，其大部分地区为高原山地，不利于开展农业，一直以游牧经济为主。游牧生活受气候突变、畜疫流行等因素影响很大，一旦灾害来临，则有完全丧失生活资料的危险。平城一带虽处盆地，但这里的生活资料仍感不足，且漕运很不便利，这些不利因素束缚了北魏王朝进一步的发展，故而北魏高祖在深思熟虑之后，决定迁都至洛阳。

穆皇帝（猗卢）六年（313）时，拓跋氏政权的政治中心在盛乐（今内蒙古和林格尔北，当时称北都），那时考虑到有继续南下的可能，故修平城作为南都④。派长子六修镇守，以统领南边各部落，并窥视中原，可见平城在代国的重要地位。

比之于盛乐，平城在地理位置上更具优势。它离中原更近，便于拓跋政权的势力向中原的渗透和扩张。从平城去往洛阳道路通畅，而洛阳是一个四通八达的交通枢纽，控制了洛阳，也就等于控制了中原地区。北魏还陆续打通了平城与东北地区及高句丽、百济等国间和与西域的交

---

① 《魏书·高宗纪》。
② 《魏书·世祖纪下》。
③ 《魏书·任城王玄传附元顺传》。
④ 《魏书·序记》。

通线。北魏与东北地区及朝鲜半岛各政权互派使臣，加强联系，进行双边贸易。北魏统治了黄河流域，控制着河西走廊的沮渠蒙逊也上表请附，并受封为凉王。这时的北魏俨然是一方大国的姿态。

在世祖太延年间，西域龟兹、疏勒、乌孙等国开始前来朝贡。世祖派董琬出使西域诸国。出西域有四道："出自玉门，渡流沙；西行两千里至鄯善为一道；自玉门渡流沙，北行两千二百里至车师为一道；从莎车西行一百里至葱岭，葱岭西一千三百里至伽倍为一道；自莎车西南五百里葱岭，西南一千三百里波路为一道焉"①。由平城往西域，都是首先到达长安，然后沿渭河谷地西行经河州抵姑藏，通过河西走廊，再分四路到达西域诸国。

北魏太祖拓跋珪于天兴元年（398）将都城从盛乐迁至平城，称代京。太祖规度了平城四方数十里的地方，运木材数百万根，以邺、洛阳、长安的宫廷建筑为蓝本，大兴土木。太祖以莫题（生卒年不详）"机巧"，使其主持平城兴建工程②。史称太祖"始营宫室，建宗庙、立社稷"③。所兴建的宫殿主要是太庙以及对后世都城正殿设计有深远影响的太极殿。高祖为兴建太极殿，专门派蒋少游到洛阳，"量准魏晋基址"，④可见北魏皇帝十分重视对汉地的学习。

平城的规划深受"择中"思想的影响。城市由内及外划分为宫城、郭城和外廊三层城墙。宫城为皇帝起居、听政之用。世祖拓跋焘在收并了梁州等地之后，便把那里的居民迁至平城，动用他们修筑新都。新都将穆帝时作为南都的平城故城之西全部作为宫城，其中以太华殿（即后来的太极殿）为主要宫殿。宫城平面为方形，城的四角建有角楼及防御性的女儿墙。据记载，宫城的大门不设门楼，城外也没有壕沟。⑤

① 《魏书·西域传》。
② 《魏书·莫含传附孙题传》。
③ 《魏书·太祖纪》。
④ 《魏书·术艺·蒋少游传》。
⑤ 《南齐书·魏虏传》云："佛狸（世祖拓跋焘）破梁州、黄龙，徙其居民，大筑郭邑。截平城西为宫城，四角起楼、女墙，门不施屋，城又无堑。"

秦汉至魏晋南北朝建筑雕塑史

太华殿为高宗太安四年（458）建，曾在此多次大宴群臣。[①]高祖就是在太华殿前即位皇帝的。太和元年（477）在太华殿制定法律，太和九年（485）和太和十六年（492）两次在此大宴群臣。太和十六年太华等殿毁，始建太极殿。太极殿有东西堂及朝堂，中为阳端门，东西为掖门，还有云龙、神虎、中华诸门，每宫门皆饰以观阁。

宫城以外的郭城（内城）是天赐三年（406）建筑的。"方二十里，分置市里，经涂洞达。三十日罢"。[②]《南齐书·魏虏传》说："其郭城绕宫城南，悉筑为坊，坊开巷。坊大者容四五百家，小者六七十家。"平城在郭城的南部规划了百姓居住区，划分成整齐的坊，每一坊都开四门，击鼓定时启闭，这与曹魏邺都的做法是一致的。北魏的皇亲国戚，大臣豪贵，居住在城郭的西南部。太学及孔子庙设在城东，"祀孔子，以颜渊配"[③]。

外廓，是平城最外面的一圈城墙，为太宗泰常七年（422）建，周回 15 千米，起防御作用。

太祖曾下诏"于京城建饰容范，修整宫舍，令信向之徒，有所居止"。太宗、世祖、高宗之世都"遵太祖之业"，提倡佛法。显祖即位，敦信尤深；高祖亲自为出家男女百余人剃发，施以僧服。从太祖到高祖之世，京城内寺新建就有百余所。京城之内最享有盛名的是永宁寺。永宁寺位于平城的西南，起于显祖天安二年（467），"是岁，高祖诞载。于时起永宁寺，构七级佛图，高三百余尺，基架博敞，为天下第一"[④]。《水经注》也称"其制甚妙，工在寡双"。其次是皇舅寺。皇舅寺位于永宁寺之北，为冯熙所建。冯熙为文明太后之兄，故称皇舅寺。冯熙"为政不能仁厚，而信佛法，自出家财，在诸州镇建佛图精舍，合七十二处，写一十六部一切经"[⑤]。他所建的皇舅寺"有五层浮屠，其神图像皆合青石为之，加以金银火齐，众彩之上，炜炜有精光"。

---

① 《魏书·高宗纪》。
② 《魏书·太祖纪》。
③ 《魏书·世祖纪》。
④ 《魏书·释老志》。
⑤ 《魏书·外戚传上》。

平城主要吸取曹魏邺都的特点，采取北宫南市坊里的分区手法，抛弃了汉长安的南北宫制度。城内设坊并定时启闭是平城的特点，目的是控制民众，加强管理。这一做法被后世的都城所广泛采用，可见其影响是深远的。在城内建造佛寺，也是平城的特点。平城的规划设计给后来的北魏洛阳建设提供了样本，是洛阳城规划的一次预演。

（四）六朝古都——建康

建康城的具体位置约在今江苏省南京市玄武湖以南、明代故宫之西、清凉山以东、五代南唐京城之北。三国时期的吴国建都于此，称建业，后来东晋、南朝的宋、齐、梁、陈皆建都于此，自东晋建都起改称建康。建康之地，风景宜人，漕运便利，长久以来一直没有受到战争的破坏，故而经济文化都得到了比较稳定的发展。

建康城的规划设计在很大程度上也受了曹魏邺都规划的影响，采取择中的指导思想。宫城基本位于都城的中央偏北，为长方形平面，宫殿依西晋的制度而建，基本上仍是东西堂制。都城外围为整齐的方形，周长10余千米。南面开三座城门，东、西、北三面各开两座门，在宫城之前有丁字形的主要大道，东西向的大道连接都城东门建阳门和西门西明门，将都城的南北划为宫城与普通坊里两部分，而南北向的大道则一直由宫城的南门大司马门穿出都城南面之正门宣阳门，并向南伸延出数里。城内有大小宫殿3 500余间，城外有不少皇家禁苑如玄武湖（昆明湖）、乐游苑、上林苑等，既可游玩又能兼习水战，[①] 从这些地方都能看出它是在模仿曹魏邺都。

但建康城毕竟是从已有的商业城市发展起来的，因而也有一些独特之处。比如道路结构，由于秦淮河水运便利，两岸商业繁荣，居住区多密集于此，民宅房舍多延街而设，布局较为自由，这样自宣阳门至秦淮河边的朱雀门，自然发展成为建康城重要的外廓，使得城市的南北轴线一直伸延了下来，而东、西、北三面由于地势复杂、不便发展，故建康城的外廓形成了南端狭长、其他三面收拢的不规整的形状。由此而产

秦汉至魏晋南北朝建筑雕塑史

---

① 朱契《金陵古迹图考》。

| 南朝建康平面想象图 |

生出一条长达 5 千米的城市中轴线，沿着它的两侧植有成行的柳树和槐树，加上几道城楼叠起，形成了一条纵深感极强、层次丰富的空间序列，这种突出整个城市中轴线的布局手法对后世明代南京和北京规划建设的影响是极为深远的，是在曹魏邺都基础上的发展和创新。

（五）其他城市

1. 后赵邺北城

邺北城在后赵石虎（295—349）时代曾大加修建，城表皮砌砖为前所未见，城上百步一楼，"凡诸宫殿门台隅雉皆加观榭，层甍反宇，飞檐拂云，图以丹青，色以青素"，当其全盛时远望"苕亭巍若仙居"。城北有华林苑，石虎时，使尚书张群发近郡男女十六万，车十万乘，运土筑苑，筑长城于邺都北。广长数十里以烛夜作，内有玄洲苑、仙都苑，备山水台观之美。这个苑必须有大树林才算可观，所以他们又想办法移植大树。工人们作"蛤蟆车厢阔一丈深一丈，合土载车中所植无不活"[①]。邺北城是耗费大量人力物力修建的一座昙花一现的花园城市。

2. 统万城

夏（407—431）赫连勃勃建都的统万城（今陕西榆林市横山区西）是一座著名的坚城。修建于公元413年，由叱干阿利监工，动用民众

统万城遗址

▲ 统万城为匈奴人的都城遗址，因其城墙为白色，当地人称白城子。又因系赫连勃勃所建，故又称为赫连城。东晋时南匈奴贵族赫连勃勃建立的大夏国都城遗址，也是匈奴在人类历史长河中留下的一座都城遗址，是中国北方较早的都城，已有近1600年历史。

——————————

① 见《水经注》《邺中记》。

十余万户筑成。该城遗址在今无定河东北岸，仍可看到城是由三道城墙组成的。内城供统治者居住，方圆约 572×608 米，略同里坊大小，至今尚有 10 余米高的城垣，四角设有角楼。《北史》中有记载："城高十仞，其厚三十步，宫墙五仞，其坚可以砺刀斧"。内外城都是就地取材，用青灰色白土筑成。墙虽不甚厚（墙最厚处 19 厘米），但异常坚固。考古确定，砌筑城墙的土是由石英、黏土和碳酸钙三者加水混合搅拌成的三合土，北宋沈括著《梦溪笔谈》中写道："赫连城（即统万城）紧密如石，斫之，皆火出。"可见城墙之坚固程度。由于当时战事紧急，所以施工过程也十分残酷，采用"蒸土筑城，锥入一寸，即杀作者而并筑之"的手段。此城见证了战乱时期迫急的军事和高压残暴的统治[①]。

二、城市规划思想的历史地位和影响

魏、晋、南北朝时期的城市规划建设，在中国城市建设史上起到了承上启下的作用。它继承了战国以来的天子居中而治的营建思想，这一思想体现为把皇帝所居之处置于城市正中，既便于四方前来供奉，又有利于皇权控制四方。"中"在历史上原本是一个方位范畴，但发展到后世，已远远超出了方位的概念，进而转化成为一种思想认识范畴的概念。"中"代表着尊贵，被看成是最高权威的象征。《周礼·考工记》提倡天子择中而处，都城要建在国家的中央，而宫城更要建在都城的中央，形成绝对的中心。这种规划思想在西周至西汉的曲阜鲁城得到了实践。

但大多数城市并没有完全按照《考工记》的模式来建设，原因是生产力提高了，社会条件变化了，地主阶级上升为国家政权的核心力量，经济利益促使他们反对周天子对城市规模的绝对限制，希望按照自己占有土地的多少来经营城市。尽管如此，为了统治的便利和军事上的考虑，后来的大多数城市仍然部分地带有择中的思想，比如东汉洛阳，其

---

① 刘致平《中国居住建筑简史》，中国建筑工业出版社，1990 年版，第 234 页。

南北宫仍处于城市的中轴线上，城市东西两部分的百姓交往由于宫殿的阻隔，显得很不方便。

直到曹魏邺都才算真正找到了比较好的解决办法，它将宫城置于城市北半部，而把百姓居住区布置在城市南半部，这种分区使得皇亲国戚所在的宫殿、苑囿、府宅等与老百姓严格地划清界限，以防止人民起义带来的冲击。同时又使得百姓的活动相对自由，便于一些城市商业经济的发展。在宫城的南部、城市的南北中轴线上开辟了主要的城市大道和城门，在大道两侧布置官府、衙署之类的办公机构，使正对着宫门的道路形成威严的气氛，在皇宫之前形成了烘托气氛的前导空间。尽管曹魏邺都的这些布局手法仍不够成熟，但其影响是深远的，它所采用的南北分区、丁字形的主要道路、宫城的前导空间等手法，都被后世许多朝代的都城全部或部分地加以采用和发挥，如唐长安城、明清北京城等。

南北朝时期，中国的形势虽是南北政权对峙，但南北政权均无力消灭对方，而且双方的统治者大都追求享乐而无意进行战争，故而社会相对来讲比较稳定，经济活动有所复苏。如北魏洛阳，商业活动日趋繁荣，城市中出现大量市场。市场多分布在运输便利和人口稠密的地段，更不依《考工记》所云"前朝后市"的框框，反映了城市经济发展的必然规律。但统治者为了加强对人民的控制和管理，仍禁止任意设置市场，而是集中的开设若干个市场，并对百姓采取了严密的监控措施，定时开闭坊里（百姓居住区），实行宵禁等，商业活动只取得了部分自由。这种城市格局为后来隋、唐等朝代所延续。

魏晋南北朝时期，除去比较大而稳定的政权有能力建造较大的城市，并贯彻一定的规划思想外，许多小城市主要考虑的仍然是军事防御的需要。值得注意的是，这一时期北方大量游牧民族进入中原，并按汉族政权的营建思想来建造城市，从一个侧面反映了中国各民族的文化交流达到了一个新的水平。

第二节

宫殿与陵墓

>>>

一、宫殿、苑囿的建设

（一）宫殿

1. 大朝

两汉时，宫殿建筑以前殿为大朝，东西耳房为常朝和日朝，附于大朝之内，而曹魏邺都城则将听政殿置于正殿之东[1]。有学者认为这是变通汉制，下启东西堂的关键，是汉魏间的过渡形式[2]。

北魏平城的太极殿设东西堂及朝堂，正是以邺都为蓝图，加以变通的结果。太极殿落成之后，高祖便"依古六寝"之制，"权制三室"，以安昌殿为内寝，皇信堂为中寝，四下为外寝[3]，其他宫殿楼观则坐落在以太极殿为中心的周围。如太和殿，位于太极殿之东，皇信堂位于太和殿之东南，皇信堂南为白台，白台西是朱明阁。还有天华殿、西昭阳殿等殿，也是如此。值得一提的是白楼，大约位于宫城西南部，神瑞三年（416）建，"楼甚高竦，加观榭于其上，表里饰以石粉，皓曜建素，赭白绮粉，故世谓之白楼也。后置大鼓于其上，晨昏伐以千椎，为城里诸门启闭之候，谓之戒晨鼓也"。

东晋、南朝的都城建康的宫殿也是依西晋的制度而建，基本上仍是东西堂制。看来这一时期宫城内主要宫殿的布局就是东西堂制。

2. 离宫

在都城中除了供皇帝居住和处理朝政的主要宫殿而外，还建有供皇室贵族享乐游玩的离宫别馆，这些建筑的选址和形制就比较自由了。惜

---

[1] 郭黎安《魏晋南北朝都城形制试探》，《中国古都研究》（第二辑）。
[2] 刘敦桢《六朝时期之东西堂》，《说文月刊》1944年4月，转引自郭黎安上文。
[3] 《魏书·高祖纪》。

至今日，这些建筑全都毁灭不存，只能通过一些文字材料略窥其一二了。以下仅举北魏平城一地之离宫，来大致了解一下当时的情况。

离宫的选址都是在都城周围的山清水秀的地方，有的还附建供皇家专用的狩猎场。离宫一般也按照宫城的形制进行修筑，有宫墙围合，其中建有大殿，供皇帝修养和处理政务。平城的离宫主要有东宫、西宫、南宫和北宫。其中西宫和北宫规模较大。

西宫修建于太祖天赐元年（404）。建成之后，太祖曾在此举行仪式，大选朝臣，令各辨宗党，保举才行，诸部子孙赐爵者两千余人①。而太宗更是把西宫当作大内来用，开始时在西宫天文殿居住并处理朝政，后来又在西宫板殿居住。泰常八年（423）冬十月，太宗又下令扩建西宫，修筑了周长约10千米的外垣墙。不久，太宗便病逝在此。

北宫的始建年代不甚清楚，但至迟在太祖天赐四年（407），就开始砌筑北宫的城垣，"三旬而罢"②。世祖太平真君七年（446），开始大兴土木，修整北宫，并将皇太子安置在此居住③。北宫在当时还担负了一定的经济生产任务，由宫人在此制作丝织品并供买卖，如《南齐书·魏虏传》所说："婢使千余人，织绫锦贩卖"。

东宫是世祖延和元年（432）开始兴建，历时三年完成的。"备置屯卫，三分西宫之一"④。可见东宫规模并不算大，但一般都有严密的守卫措施，因为按照历朝的惯制，皇太子都是在东宫居住的⑤。但在北魏都平城的时期，太子不一定都居住在东宫，如世祖时皇太子就是居住在北宫的。

南宫是远离平城的一座小规模的行宫，供皇帝游猎时的休息之用。《魏书·世祖记》中记载了世祖（北魏太武帝拓跋焘）曾于神䴥三年（430）七月在此打猎并居住。

① 《魏书·太祖纪》。
② 同上。
③ 《魏书·世祖纪》（下）。
④ 《魏书·世祖纪》。
⑤ 《南齐书·魏虏传》云："伪太子官在城东"。

（二）苑囿

1. 曹魏、西晋洛阳苑囿

东汉末年董卓烧毁了洛阳城，曹魏在其废墟上进行了重建，晋则完整继承了曹魏洛阳城。曹魏在文帝曹丕和明帝曹睿时大修园林。文献载，文帝黄初元年（220）冬十二月，初营洛阳宫，二年筑凌云台，三年穿灵芝池，七年春三月筑九华台。明帝于太和元年（227）夏四月初营宗庙；三年冬十月，改平望观曰听讼观；青龙三年（235）大治洛阳宫，起昭阳、太极殿，筑总章观；七月，洛阳崇华殿毁，八月命有司重修，改名为九龙殿。明帝"欲增崇宫殿，雕饰观阁，凿太行之石英，采谷城之文石，起景阳山于芳林之园。建昭阳殿于太极之北，铸作黄龙凤凰奇伟之兽。饰金墉、凌云台，凌霄阙。百役繁兴，作者万数，公卿以下至于学生，莫不展力，帝乃躬自掘土以率之"①。可见，曹睿十分热心园林建筑。

（1）芳林苑

在城内北宫北。《历代宅京记》引《魏略》：青龙三年（235）"起太阳诸殿，筑总章观，高十余丈，建翔凤于其上。又于芳林园中起陂池，楫棹越歌。又于列殿之北，立八坊，诸才人以次序处其中。通引谷水过九龙殿前，为玉井绮栏，蟾蜍含受，神龙吐水，使博士马钧作司南车水转百戏。岁首建巨兽，鱼龙曼延，弄马倒骑，备如汉西京之制"。《魏略》还载："景初元年（237），徙长安诸钟、骆驼、铜人、承露盘。盘折，铜人重不可致，留于霸城。大发铜铸作铜人二，号曰翁仲，列坐于司马门外。又铸黄龙、凤凰各一，龙高四丈，凤高三丈余，置内殿前。起土山于芳林园西北陬（zōu，角落），使公卿群僚皆负土成山，树松竹杂木善草于其上，捕山禽杂兽置其中。"

以上可知，芳林园引谷水入园汇成大池，名天渊池。天渊池是人工开挖的，开挖的土堆在园的西北角，名景阳山。曹睿和群臣及太学的学生也参加了劳动。谷水引入天渊池是通过蟾蜍、神龙石雕水道口注入池

---

① 《历代宅京记》卷七。

魏晋驿使图画像砖

的。还有供观赏的指南水车，景阳山和园内种植着松和其他杂树以及各种花草。园中育养各种禽鸟和猎放了各种小野兽。完全是自然景色。园内建有九华台和高大壮观的太极殿和总章观。观即观阙，在殿前十分壮观。殿前还有从长安搬来的铜驼、铜人和新铸的铜翁仲。天渊池南还建有"流杯石沟，燕群臣"。魏晋习俗，每年春天踏青，在水边进行流杯活动，后定为三月三日，称"曲水流觞"，以免灾。此时皇家园林已修有曲水流杯石沟渠。

《元河南志》卷三载："景阳山北，结方湖之中，起御坐石，前建蓬莱山。景阳山中有九江，中作园坛，三破之，峡水得相通。故曰濯龙、芳林、九谷八溪。"芳林园中有疏圃，圃中有古井。天渊池中有水殿，并有许多故碑。园南有茅茨堂，堂前有茅茨碑，意在倡简朴、防奢欲。芳林园后讳齐王曹芳名，改华林园。

（2）晋华林园

在魏之基础上添建。《元河南志》卷二载："内有崇光、华光、疏圃、华延、九华五殿；繁昌、建康、显昌、延祚、寿安、千禄六馆。园内更有百果园。（或曰百林园）林各有一堂，为桃花堂、杏间堂之类。有古玉井，悉以珉玉为之。园有……蓬莱曲池。"

（3）西游园

《洛阳伽蓝记》卷一载："千秋门内道北有西游园，园中有凌云台，即魏文帝所筑者。"《洛阳宫殿簿》载："凌云台上壁方十三丈，高九尺；楼方四丈，高五丈，栋去地十三丈五尺七寸五分。"《元河南志》卷二引郭缘生《述征记》云：凌台"台有明光殿，西高八丈，累砖作道，通至台上。登台回眺，究观洛邑，及南望少室，亦山岳之秀极也。"可见园中的主体景观是一座高台建筑。

《元河南志》还记载有桐园、春王园、琼圃园、云芝园、石祠园、平乐园、元圃园、桑梓苑等。均在城外，大部分为东汉遗园。

2. 北魏洛阳苑囿

北魏在晋洛阳城的废墟上重建了都城和园林。魏孝文帝元宏主治朝纲，不事奢侈，北魏各帝后又多注重修缮佛寺，因此只在魏晋华林园和西游园旧址上重新修葺，没开新的园林。《魏书·郭祚传》载"高祖曾幸华林园，因观故景阳山，祚曰：'山以仁静，水以智流，愿陛下修之。'高祖曰：'魏明以奢失于前，朕何为袭之?!'"这说明，北魏汉化，慕夏崇儒，在自然观上尊崇孔子的"智者乐水，仁者乐山"的美学思想；同时，也把兴修园林看作易造成奢靡的事情。北魏迁洛之初，孝文帝深谋远虑，把兴修园林之事放在政事之后，故皇家园林建设只集中在重建西游园和华林园。

（1）西游园

《洛阳伽蓝记》卷一载："千秋门（宫城西门）内道北有西游园。园中有凌云台，即是魏文帝所筑者。台上有八角井。高祖于井北造凉风观，登之远望，目极洛川；台下有碧海曲池；台东有宣慈观，去地十丈。观东有灵芝钓台，累之为木，出于海中，去地二十丈。风生户牖，云起梁栋，丹楹刻桷（jué，方形椽），图写列仙。刻石为鲸鱼，背负钓台，既如从地涌出，又似空中飞下。钓台南有宣光殿，北有嘉福殿，西有九龙殿，殿前九龙吐水成一海。凡四殿，皆有飞阁向灵芝往来。三伏之月，皇帝在灵芝台以避暑。"园中池的大小，《太平御览》卷六七引《晋宫阙名》："灵芝池广长百五十步，深二丈，上有连楼飞观，四周阁道，钓鱼台中有鸣鹤舟、指南舟。"关于"九龙吐水"，《水经注·谷水》载："渠水……又枝流入石，逗伏流注灵芝九龙池。北魏太和年间（477—499）皇都迁洛，经构殿堂，修理街渠，务穷幽隐，发石视之，

曾无毁坏。又石工细密，非今之所拟，亦奇为精至也，遂因用之。"可见，西游园是曹魏的西园，北魏孝文帝重建时，把曹魏时很精奇的石雕龙口水道重新使用。九龙吐水表明园林中的"水法"在北朝时又进一步发展。西游园有长宽各二百余米的碧海曲池，海北有很高的凌云台，"台上壁方十三丈，高九尺；楼方四丈，高五丈，栋去地十三丈五尺七寸五分也。"可见汉以来的高台建筑，在北魏仍很重视。

（2）华林园

北魏洛阳华林园是在魏晋华林园的基础上进行重建。内有九华台、清凉殿，海内作蓬莱山，山上有钓台殿，仙人馆、寒露馆等，飞阁相通，凌山跨谷，较魏晋为佳。不过它仍是封建社会园林的常套，如水面、建筑、山石、树木等，高低上下曲折变化，模拟自然之趣，幻想神人生活，给穷人以精神上的威胁。

《洛阳伽蓝记》记载较详。洛阳城东北建春门内，御道北有翟泉，周回1.5千米。"泉西有华林园，高祖元宏以泉在园东，因名苍龙海。华林园中有大海，即汉天渊池，池中犹有文帝（曹丕）九华台。高祖于台上建清凉殿。世宗在海内作蓬莱山，山上有仙人馆。有钓台殿，并作虹霓阁，乘虚来往。至于三月禊（xì，古代在水边举行的除去不详的祭祀活动）日，季秋已晨，皇帝驾龙舟鹢（yì，古书指一种水鸟）首，游于其上。海西有藏冰室，六月出冰，以给百官。海西南有景山殿。山东有羲和岭，岭上有温风室；山西有恒娥峰，峰上有露寒馆，并飞阁相通，凌山跨谷。山北有玄武池，山南有清暑殿，殿东有临涧亭，殿西有临危台。"

"景阳山南有百果园，果列作林，林各有堂。有仙人枣长五寸，把之两头俱出，核细如针，霜降乃熟，食之甚美，俗传云出昆仑山，一曰

秦汉至魏晋南北朝建筑雕塑史

西王母枣。又有仙人桃，其色赤，表里照彻，得霜即熟，亦出昆仑山，一曰王母桃也。"果林南有石碑一所，为魏明帝所立，题云："苗茨之碑"。高祖于碑下作"苗茨堂"。

"果林西有都堂，有流觞池，堂东有扶桑海，皆有石窦（洞）流于地下。西通谷水，东连阳渠（护城河），都与翟泉相连。若旱魃为害，谷水注之不竭；离毕滂润，阳渠泄之不盈。至于鳞甲异品，羽毛殊类，濯波浮浪，如似自然也。"①

《水经注》卷一六对北魏华林园也有一段详细记载：华林园"圃中有古玉井，井悉以珉玉为之，以缁石为口，工作精密，犹不变古，灿焉如新。又径琼华宫南，历景阳山北。山有都亭，堂上结方湖，湖中起御坐石也。御坐前建蓬莱山。曲池接筵，飞沼拂席，南面射候，夹席武峙，背山堂上则石崎岖，岩嶂峻险。云台风观缨峦带阜。游观者升降阿阁，出入虹陛，望之状岌没鸾举矣。其中引水飞皋，倾澜瀑布，或枉渚（zhǔ，水中间的小块陆地）声溜，潺潺不断。竹柏荫于层石，绣薄丛于泉侧。微飙暂拂，则芳溢于穴空，实为神居矣。其水东注天渊池，池中有魏文帝九华台，殿基悉是洛中故碑垒之，今造钓台于其上。"

3. 平城的苑囿②

（1）鹿苑

它是建得最早的园林。太祖天兴二年（399）建。"诸军同会，破高车杂种三十余部，获七万余口，马三十余万匹，牛羊百四十余万。……以所获高车众起鹿苑，南因台阳，北距长城，东包白登，属之西山，广轮数十里，……又穿鸿雁池"③。天兴四年（401），又在鹿苑起石池和鹿苑台。太宗泰常六年（412）三月，"发京师六千筑苑，起自旧苑，东包白登，周回三十余里。"④ 这次筑苑是在鹿苑基础上进行的。

---

① 《洛阳伽蓝记》卷一。

② 郭黎安《魏晋南北朝都城形制试探》,《中国古都研究》(第二辑)。

③ 《魏书·太祖纪》。

④ 《魏书·太宗纪》。

（2）北苑

位于宫城之北，太宗永兴五年（413）三月，穿鱼池于北苑。泰常元年（416）十一月，筑蓬台于北苑；三年（418）又在蓬台北筑宫殿，太祖太和元年（477）春正月，起永乐游观殿于北苑，穿神渊池。于是，北苑成为朝廷祈天灭灾的重要所在。太和十一年（487）八月，罢山北苑，以其地赐贫民 ①。

（3）东苑

大概在宫城之东，太宗泰常七年（422）九月，"诏太平王率百国以法驾田于东苑，车乘服物皆以乘舆之副。" ②

（4）西苑

太宗泰常三年（418）十月，始筑宫于此。西苑位于平城西，和武州塞相对，"如浑水又东南流经永固县，右会羊水。水出平城县（今山西大同市）之西苑外武州塞。"

（5）鹿野苑

鹿野苑位置大致在武州山以东，西苑以西的地区。显祖皇兴四年（470）"幸鹿野苑、石窟寺"。此处所云石窟寺指的是武州山石窟寺，高祖在太和四年、六年、七年（480—488）三次幸武州山石窟寺。《魏书·释老志》云：和平初，"昙曜白帝（高宗），于京城西武州塞，凿山石壁，开凿五所，镌建佛像各一。高者七十尺，次六十尺，雕饰奇伟，冠于一世。"《水经·灢水注》也云："其水（武州川水）又东转径灵岩南，凿石开山，因岩结构，真容巨壮，世法所希，山堂水殿，烟寺相望，林渊绵境，缀目新眺，川水又南流出山（即武州塞口）"。昙曜建议，在武州塞开凿的石窟寺，也就是《水经注》上所说的灵岩南开凿的石窟寺，即灵岩寺 ③。

（6）虎圈

太宗永兴四年（412）二月，登虎圈射虎，高祖太和四年（480）秋

---

① 《魏书·高祖纪》。

② 《魏书·太宗纪》。

③ 《山西志辑要·大同府》山川条云：武州山，县西二十里，峰下有泉即武州川之源也。山谷中有石窟寺，魏孝文帝尝幸焉。魏高宗时偿昙曜请建灵岩寺。

七月，"幸虎圈，亲录囚徒，轻者皆免之"。太和六年（482）三月，高祖又幸虎圈，诏曰："虎狼猛暴，食肉残生，取捕之日，每多伤害，既无所益，损费良多，从令勿复补员"①。虎圈的用途是"以牢虎也，季秋之月，圣上亲御圈，上敕虎士效力于其下，事同奔戎，生制猛兽。既诗所谓祖褐暴虎，献于公所也"，因此北魏有壁画《捍虎图》。《魏书·太宗记》记载，永兴四年，太宗不仅"登虎圈射虎"，而且就在这一年八月，"幸西宫，临板殿，大飨群臣将吏，以田猎所获赐之"。《水经·漯水注》载"历诸池沼，又南径虎圈东，……又径平城西郭西"，由此知虎圈在平城之西。高宗和平四年（463）夏四月，曾亲幸西苑，射虎三头②，由此推测虎圈很可能在西苑之内。

（7）野马苑

世祖太延二年（436）十一月建，此年世祖行幸，"驱野马于云中，置野马苑"③。

4. 东晋苑囿

建康的帝王园林颇为可观，如南齐东昏侯"起乐芳苑，山石皆涂以五彩，跨池水立紫阁。"南齐文惠太子"宫内殿堂皆雕饰精奇，过于上宫，开拓兀圃园，与台城北垣等，其中楼观塔宇，多聚奇石，妙极山水。虑上宫望见，乃傍门立修竹，内施高障，造游墙数百间，施诸机巧，宜须障蔽，须臾成立，若应毁撤，应手迁徙。"这种造可移动的游墙数百间并随意迁徙障蔽的做法还是很有趣的。又有"湘东王于子城中造湘东苑，穿池构山，长数百丈，……置行堋可移动"④。侯景宣布梁武帝萧衍的罪状说道："皇帝有大苑囿，王公大臣有大宅第，僧尼有大寺塔，普通官吏有美妾数百，奴仆数千，他们不耕不织，锦衣玉食，不夺百姓，从何处得来。"⑤可见东晋造园之风甚盛。

---

① 《魏书·高祖纪》。
② 《魏书·高宗纪》。
③ 《魏书·世祖纪上》。
④ 见《渚宫故事》。
⑤ 见《中国通史简编》。

5. 园林景观和艺术构图

园与城的关系，标志着园林的使用功能。东汉诸苑均在城西（平乐苑、西苑）、西北（上林苑）和城南（鸿德苑和东、西毕圭苑），这些苑园只能供皇室人员出城后游览。魏晋和北魏重点修建华林园和西游园，而这两个园都在宫城以北。特别是西游园与寝宫相连，对皇室人员日常游园是很方便的。这是我国皇家园林在城市中布局位置的转折，此后唐长安的西内园、唐东都洛阳的陶光园、北宋开封的艮岳园，以及现在保存完好的北京北海、景山都在宫北，似乎此后千余年间皇家园林位置都遵从了这一规律。

魏晋和北魏的园林都经过规划和设计，魏明帝曹睿首先带领群臣和学生挖天渊池，堆景阳山于园之西北角。北魏继续挖苍龙海，堆土于园的西、西南，这样园中以水为中心，以山为骨架，地貌有高低，空间有开合。除了山、水外，还有松柏、百果构成绿色背景，高耸之台观、阁殿、水榭和回廊等建筑构成视觉交点。此外，还有放养于园林中的禽鸟鸣兽。这些都是山水园林的必要的组成元素。

人工的山水、花木、建筑、雕塑在皇家园林中的构图，代表着园林艺术的发展水平。园中的苍龙海、玄武湖、九龙池、扶桑海，说明园中大小水面相间，曲折有致。山是岭峰逶迤，景阳山的羲和岭平缓横卧、恒娥峰则突兀峻峭，并有拟人的美称。园林建筑则多种多样，有高台观，有临水钓台殿（水榭），深谷边的临涧亭，临危探奇的临危台；山上建筑"飞阁相通，凌山跨谷"，阁殿间"乘虚往来"。《魏书》记载北魏建筑家和造园家茹皓："领华林诸作，皓性微工巧，多所兴立，为山于天渊池西，采掘北邙及南山佳石，徙竹汝颖（今洛阳附近的汝州市汝河和登封市的颍水），罗莳其间；经构楼馆，列于上下，树草栽木，颇有野致。"①

北魏时期，皇家园林的发展已日趋成熟，为唐、宋皇家山水园的营造，奠定了非常重要的理论和实践基础。

----

① 《魏书》卷九三。

秦汉至魏晋南北朝建筑雕塑史

二、陵墓的建设

魏晋南北朝时期的陵墓建设如同宫殿建设一样，没有太大的规模，而且由于年代久远，许多陵墓的位置难以找寻。现在可以见到的比较集中的陵墓群是六朝（229—589 年，指三国东吴、东晋和南朝的宋、齐、梁、陈）之陵墓。

六朝帝王陵墓集中在南京、丹阳一带①。其埋葬制度，承袭了汉代的族葬之风。南朝宋以法律形式肯定了山林川泽的私人占有。由于土

魏晋魏武王铭石牌

地私有，六朝聚族而葬之风愈演愈烈，成为当时的一种制度。六朝选择葬地，讲究风水，所选之地，一般要背倚山风，面临平原。六朝之陵，全选在山麓、山腰和山上，地面建筑如石刻等均在平地，已成规律。这些都直接影响到唐、宋、元、明各代的墓葬制。

六朝墓坑呈长方形，中间用砖砌造墓室。墓门均为石砌，门额呈半圆形，拱上浮雕人字拱。帝后一级的陵墓用两进门，王侯一级的陵墓用一进门。墓前设有排水沟，其一端起自墓内墓室底部，为阴沟，在墓室铺地砖上砌阴井口以泄墓内积水；一端直达墓前低地或水塘，结构讲究，均用七八层平砖砌成通道式，长度很长。这点在北方墓中很少见

---

① 有宋武帝初宁陵、齐宣帝永安陵、齐高帝泰安陵、齐景帝修安陵、齐武帝景安陵、齐明帝兴安陵、梁文帝建陵、梁武帝修陵、梁简文帝庄陵、陈武帝万安陵、陈文帝永宁陵，以及梁代王侯萧宏、萧秀、萧恢、萧憺、萧景、萧继、萧正玄、萧瑛的墓冢等。

到，它是因南方气候潮湿，这样可以防止墓室积水。

现存的南朝陵墓大都没有墓阙，而是在神道两侧设置石雕神兽，多取狮、虎的威猛形态，并加刻飞翼、犄角和火焰纹之类，强调其神勇。石兽后面，还有成对的墓表及墓碑，形成序列。

第三节
士大夫宅园——私家园林的先声

>>>

一、宅园的形制

魏晋时期大地主为避战乱多入山结屋壁。屋壁是由汉末到六朝很盛行的居住方式，类似后来的寨子。

家人第宅多为周圈廊庑制度，用直棂窗，有人字拱。单体建的如洛阳出土的宁懋石室。这座石室已充分地表示出当时对人字拱的广泛使用，以及屋顶悬山的构造。一般大宅应不止数十百间，有门、厅、堂、寝、厢、厨、仓，仆婢等房甚多。内部多是席地而坐，也有用床、榻的。

一般人如佃户等仍用草房，南方人用草房更多，极易遭受火灾。隋灭陈即是先派人到江南不断地纵火焚烧草房的。干栏建筑在南北朝也常用，以南方居多。北人则多穴居，因为它非常经济合用而又冬暖夏凉，"南越巢居，北朔穴居，避寒暑也"①。

两晋南北朝时期中原地区战乱弥漫，而江南则相对稳定，经济得到较大发展。佛教与道教、儒教等思想的交流，孕育出许多新的事物，出

秦汉至魏晋南北朝建筑雕塑史

---

① ［晋］张华著《博物志校正》，范宁校正，中华书局，1980 年版。

| 楼兰佛塔 |

⬛ 楼兰佛塔位于楼兰古城，即今新疆若羌境内罗布泊以西、孔雀河南岸 7 千米处。约建于东汉时期。塔身用土坯、木料、柳条砌筑，塔基方形，每边长 19.5 米，塔高数十米。约在唐代以后逐渐被毁弃，现仅存残塔。

现了新的社会面貌。北魏洛阳、南朝建康，佛教塔庙林立，工商业之繁华，城市之美丽，远非昔比。南朝士族地主在兼并剥削之余则是过着奢侈腐化的生活，放荡风流，日趋文弱。北朝大族则多朴实，极重旧礼教，数世同居共财，第宅园林享受甚少。不过在首都洛阳的贵族士族大官僚等，则颇涉豪华侈靡，常有上好第室园林建筑。

技巧方面，大量采用石雕及石建筑。如张伦的石山，西游园的九龙吐水，南朝诸园的游墙行坰，都可看出当时工匠技巧日新。而园林风格则北朝洛阳帝室诸园有较为严整的建筑。南朝则多注重自然景色，由此可见，南北朝的第宅园林建筑的作风是截然不同的。

二、士大夫园林的历史地位及其影响 [1]

（一）概况

魏晋南北朝的主旋律是分裂、对峙、混乱，故而人心多虑，思想多元化且十分活跃，儒、道、佛、玄诸家争鸣，思想的多元化给艺术创作以巨大的推进，造园艺术也受到了极大的影响，中国园林发展史中大的转折期由此拉开序幕。

由于社会动荡不安，世间普遍流行着人生无常、朝不保夕的消极悲观的情绪。古诗云："浩浩阴阳移，年命如朝露；人生忽如寄，寿无金石固"[2]，从而滋长了"今朝有酒今朝醉"及时行乐的思想，正所谓"不如饮美酒，被服纨与素"。即使像曹操那样的心怀雄才大略的政治家也不免发出"对酒当歌，人生几何"的慨叹。当时的人们更加注重现世的享乐，同时心情急迫地求助于各种神仙的保佑，以求摆脱日益空虚的精神生活，世风走向浮华浪费、奢侈铺张和玩世不恭。西晋朝廷上下聚敛财富，荒淫奢靡成风。其享乐方式，简直达到骇人听闻的程度。

大批士大夫知识分子往往由于愤世嫉俗而玩世不恭，他们厌恶腐败的政治生活，对现实的不满却又无能为力，只有求助于老庄无为而治的虚无思想和佛教重来生不重现世的思想。他们当时盛行清谈、不拘礼法、不务实际的玄学思想。这是在摧毁了两汉的独尊儒术、思想统一的僵化局面之后的必然结果。西晋的阮籍、嵇康、刘伶、向秀、阮咸、山涛、王戎是清谈家的代表人物，号称"竹林七贤"。这些人任性放荡、玩世不恭，其行动表现为饮酒、服食，终日寄情山水。而其中最好的精神寄托，莫过于到远离人事扰攘的山林中去。而老庄的崇尚自然和隐逸、玄学的返璞归真、佛教的出世思想也都促使他们投身于自然的怀抱。知识界的这种游山玩水的浪漫风气也影响到群众性的郊游活动。

东晋政权建立之后，北方大批士大夫逃至江南，这里的秀丽风景逐渐为人们所认识。东晋皇帝不思收复北方故土，而乐于在江南享受，在

---

① 周维权《中国古典园林史》。
② 《古诗十九首》。

竹林七贤雕塑群

一定程度上开发了南方的风景资源，文人士大夫则更是终日忘情于山水，求仙问道，谈玄参禅，陶冶精神。

文人谢灵运、陶渊明，书法家王羲之、王献之，画家顾恺之等人，足以代表当时一般士大夫知识分子的思想感情。山水风景陶冶了士人们的性情，也造成了他们局限在其中，进而自负的情绪。爱好山水、鉴赏美景成了当时士大夫当中流行的时尚。"（晋）明帝问谢鲲：君自谓何如庾亮。答曰：端委庙堂，使百官准则，臣不如亮；一丘一壑，自谓过之。"（《世说新语》）陶渊明亦自诩"少无世俗韵，性本爱丘山。"[①] 甚至一草一木都成为生活中不可或缺的东西，如《世说新语》中有记载："王子猷（王羲之之子）尝暂寄人空宅住，便令种竹。或问暂住何烦尔，王啸咏良久，直指竹曰：何可一日无此君。"

————————————

① 陶渊明《归园田居五首》其一。

寄情山水、在大自然中寻求人世间得不到的精神满足，可以说是魏晋南北朝士人知识分子的一个共同特点。他们不仅把山水风景作为客观欣赏的对象，而且力图将自己的主观精神融化、协调于大自然，作为大自然的知音而非主宰。于是，秦汉方士长期以来所笼罩于大地山川的那层神秘的外衣被揭开了。魏晋山水诗文的发达，给予中国传统艺术以新的母题。魏晋人士在发掘、探索自然美的内在规律方面迈出了第一步，给中国艺术特质的形成以极大的影响。审美能力的提高直接促成了中国的风景式园林向更高的水平前进和发展。

这时期门阀士族取得了与皇室分庭抗礼的地位，他们自我感觉良好，附庸风雅，在寄情山水、雅好自然的社会风尚的影响下，也不甘落后。身居庙堂而"不专流荡，又不偏华上；卜居动静之间，不以山水为忘"[1]，当然也就不满足于一时的游玩山水，他们要求像皇室一样长期占有大量的大自然风景为一己之享用，而经营风景式园林正是实现这种愿望的最好方式。于是贵族们纷纷造园，官僚、地主、富商也竞相效仿，私家园林的风气渐渐兴盛了起来。造园活动从帝王的宫廷逐渐普及到民间，出现了私家造园成风、名士爱园成癖的情况，如《世说新语》中载："王子敬自会稽经吴，闻顾辟疆有名园，先不识主人，径往其家。值顾方集宾友酣燕。而王游历既毕，指麾好恶，旁若无人。"

再如"谢安于土山营墅，楼馆林竹甚盛。每携中外子侄来游集，肴馔亦屡费千金。世颇以此讥，而安殊不以为屑意[2]""（桓）元性贪鄙，好奇异。犹爱宝物，珠玉不离其手。人士有法书好画及佳园宅者，悉欲归己，犹难逼夺之皆蒲博而取。遣臣佐四出掘果移竹，不远数千里"[3]。

此时园林的实例，因年代久远遗址几乎湮灭无存。文献方面从文字资料多少可以梳理出一条当时园林发展的大致脉络。如宋代编纂的类书《太平御览》、清代的《古今图书集成》、杨衒之的《洛阳伽蓝记》、郦道元的《水经注》、刘义庆的《世说新语》等。

---

① 《洛阳伽蓝记》。
② 《古今图书集成·考工典》引《晋书·谢安传》。
③ 《古今图书集成·考工典》引《晋书·桓元传》。

从文献记载看，这时期的私家园林有两大类。

1. 建于郊野山林的别墅园，如西晋石崇的金谷园

石崇（249—300），字季伦，河北南皮人，其父石苞因辅佐晋武帝司马炎篡魏有功，晋爵大司马。石崇做官30年，因东征有功，于晋惠帝时出任中郎将、荆州刺史。后拜太仆，出为征虏将军，假节，监徐州诸军事，镇下邳。崇在荆州，为官贪财，劫掠商船，遂致巨富。此人"财产丰积，室宇宏丽，后房数百皆披纨绣、珥金翠。丝竹尽当时之选，庖膳穷水陆之巧"，聚敛了大量财富广造园宅。晚年辞官后，退居洛阳城西北郊金谷涧畔之"河阳别业"即金谷园。

南北朝嵌宝石金杯

《晋书》卷三四载："崇有别馆在河阳之金谷，一名梓泽。"据考古调查，金谷园在汉魏洛阳故城西北邙山南麓的袋形浅谷中[1]。此处背依邙山，俯瞰伊洛大川，远望东南嵩山太室、少室二峰，西南可望伊阙龙门，正南远眺风景秀丽的万安山。

石崇在《游金谷》诗序中说："有别庐在河南显界金谷涧中，去城十里。或高或下，有清泉茂林，众果竹柏，药草之属。金田十顷，羊二百口，鸡猪鹅之类莫不必备，又有水碓、水池、土窟，其为娱目欢心之物备矣。时征西大将军祭酒王诩当还长安，余以众贤共送往涧中，昼夜游晏，屡迁其座。或登高临下，或列坐水滨。时琴瑟笙筑，合载车中，道路并作。及往，令鼓吹递奏，遂歌赋诗，以叙中怀，或不能者，罚酒三斗。感性命之不永，惧凋落之无期。故具立时人、官号、姓名、年纪，又写诗著后。后之好事者，其览之哉！凡二十人。"[2]

① 张士恒《金谷园遗址考异》，《孟津史话》，孟津县志总编室，1988 年。
② 《全晋文》卷三三。

石崇又在《思归引》序文中描述道："余少有大志，夸迈流俗，弱冠登朝，历任二十五年。年五十，以事去官，晚年更乐放逸，笃好林薮，遂肥遁于河阳别业。其制宅也，却阻长堤，前临清渠。柏林几千万株，流水周于舍下。有观阁池沼，多养鸟鱼。家素习伎，颇有秦赵之声。出则以游目钓鱼为事，入则有琴书之娱。又好服食咽气，志在不朽，傲然有凌运之操。"①

石崇经营金谷园，目的是晚年辞官后在此享乐。他与当时文学家潘岳、陆机、左思、陆云、刘琨等结为"金谷园十四友"，终日在园中游吟，留下了不少金谷诗篇。晋代文学家潘岳有《金谷诗》赞金谷园之景曰："回溪萦曲阻，峻阪（坂）路逶迤；绿池泛淡淡，青柳沼依依；槛泉龙鳞涧，激波画珠楫；前庭树沙棠，后园植乌椑（bēi，柿子树）；灵囿繁石榴，茂林列芳梨；饮至临华沼，迁坐登隆坻。"②

金谷园是一处临河的、地形略有起伏的天然山水园，该园约方圆几十里，包括主人居住的屋宇和从事生产的水碓、鱼池、土窟，也有大量的辅助用房，"仓头（奴仆）八百余人"③"美艳者（家伎）千余人"④。是为游赏兼作地主庄园的性质。园内有许多观和楼阁建筑物，为主人提供游赏、饮宴、丝竹等享受场所。人工开凿的池沼和由园外引来的金谷涧水穿错于建筑物之间，河道能行驶游船，沿岸可供垂钓。园内树木繁茂，植物配置以柏树为主调，其他品种则分别与不同地段结合而起到点景作用。例如前庭的沙棠、后园的乌椑、柏林中点缀的梨花等。其园中赏心悦目、亲切宜人的风貌、精致的处理手法，比起两汉私园的粗放，显然大不相同。至于楼、观这类建筑，在园中仍占很大的比重，保留了汉代的遗风。

园中景致十分优美，逶迤的北邙山，蜿蜒的金谷涧，园居濒临河谷，自然的林泉丘壑，数百间"画阁朱楼尽相望，红桃绿柳垂檐向"。

① 《古今图书集成·考工典》，《全晋文》卷三三。
② 《全晋文》卷三三。
③ 《晋书》卷三四《石苞传》。
④ 《说郛》卷三八《绿珠传》，涵芬楼藏版。

厅堂亭台，万绿掩映，金水萦绕，楼台穿错。金谷水涧里有堰坝河堤，有池沼游船、河岸柳荫、矶石钓台。绿化树种的栽植，不同地点，突出不同景色。山上万株翠柏苍郁、庭前沙棠扶疏、后园乌楎、宅旁石榴，还有从华林园移来的梨花。在水堤上、磨坊边，则曲柳婀娜。

其历史意义有三：其一，它是我国园林史上第一个封建官僚的庄园型私人别墅园林；其二，它在文学史上留下了晋一代文学家潘岳、陆机、左思等人的金谷诗；其三，在思想和政治史上，它是魏晋一代敛财成癖，奢侈无度，竞雄斗富，游荡无羁的典型，最后亡于奢华。《晋书》上说石崇衣食"皆曳纨绣耳，金翠丝竹，尽当时之美，庖膳穷水陆之珍"[①]。他不仅在财富上夸耀赌斗（如与国舅王恺斗富），甚至用人命赌注。后赵王司马伦诬崇谋反，命石秀斩崇于东市，满门杀绝，石崇宠姜绿珠跳楼，株连潘岳等友。由于这段历史遗恨充盈，故后世文人怀古之作甚多，特别是唐诗，这也是金谷园知名度高的原因。

金谷园不仅是两晋南北朝时期北方别墅型私园的代表作，也是地主庄园与游赏性的园林相结合并见于文献的最早的例子，唐代盛行的山庄、别业就属于这一类型。

2. 建于城市里的城市型私园，如北魏洛阳的许多私园

魏晋以来，像竹林七贤那样的名士、陶渊明那样的儒生、谢灵运那样的官僚，历游名山大川，崇尚自然，其思想也影响到北魏的官僚。他们离不开官署，而又向往自然之美，希望自然山水伴随生活，于是城市官僚的宅第园林发展起来。其中最集中的是王子坊区，这里是鲜卑人由平城迁都洛阳后帝侯王族、外戚公主集中居住的皇室贵族区。

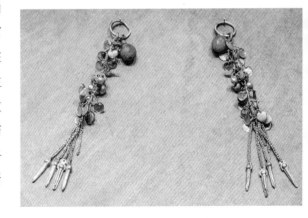

北魏金耳环

---

① 《晋书》卷三四。

北魏的贵族可谓是"擅山海之富，居川林之饶"。他们非常富有，在洛阳"争修园宅，互相夸竞。崇门丰室，洞户连房，飞馆生风，重楼起雾，高台芳榭，家家而筑；花林曲池园园而有。莫不桃李夏绿，竹柏冬青……"①

（1）元琛宅园

河间干元琛，为北魏世祖时的定州刺史，后晋升尚书，又出为泰州刺史。此人生性贪暴，贪财无厌，被百姓视为虎狼。在王子坊，"河间王琛最为豪首，常与高阳（即丞相高阳王元雍）争衡。造文柏堂，形如徽音殿。置玉井金罐，以金五色续为绳。妓女三百人，尽皆国色。……造迎风馆于后园，窗户之上，残钱青锁，玉凤衔铃，金龙吐佩。素奈朱李，枝条入檐，伎女楼上，坐而摘食。琛常会宗室，陈诸宝器，金瓶银瓮百余口，瓯檠（qíng，灯、灯架）盘合称是。"元琛曾对同僚夸口说："不恨我不见石崇，恨石崇不见我。"后河阴之战，元琛被歼，宅园沦为寺，称河间寺，"观其廊庑绮丽，无不叹息，以为蓬莱仙室，亦不是过。入其后园，见沟渎骞产，石磴礁峣（yǎo，高貌），朱荷出池，绿萍浮水，飞梁跨阁，高树出云，咸皆唧唧，虽梁王兔园，想之不如也。"②

由上文可推知，元琛宅园在其第宅之后，故称后园，是一个独立的生活游赏园林。内有山、水、沟、渠、荷池、高树以及叠置的驳岸矶石。亭阁连着小桥，禽鸟唧唧鸣叫，是个很精致的宅后园林。

（2）元彧宅园

侍中尚书令、临淮王元彧宅有后园。"逶迤复道，观者忘疲，莫不叹服。彧性爱林泉，又重宾客。至于春风扇扬，花树如锦，晨食南馆，夜游后园。僚采成群，俊民满席，丝桐发响，羽觞流行，诗赋并陈，清言乍起。"③此园可供宾客日宴夜游，在园内进行弹奏演唱，流

---

① 《洛阳伽蓝记》卷四。
② 《洛阳伽蓝记》卷四。梁王兔园，据《西京杂记》："梁孝王好营宫室苑囿之乐，作曜华宫，筑兔园。园中有百灵山，山有肤寸石、落猿岩、栖龙岫；又有鹰池，池中有河洲、凫渚。其诸宫观相连，延亘数十里，奇果异树，瑰禽怪兽毕备。王日与宫人宾客弋钓其中。"兔园遗址在今河南商丘市。
③ 同①。

觞饮酒，吟咏歌赋等娱乐活动。其园遗址在今白马寺东北约0.5千米处。

（3）元怿宅园

清河王元怿为北魏世宗尚书仆射，后辅佐幼帝明宗。其"第宅丰大，逾于高阳（指高阳王元雍）。西北有高楼，出凌云台，俯临朝市，目极京师。……楼下有儒林馆、延宾堂，形制并如清暑殿（在华林园）。土山钓台，冠于当世。斜峰入牖，曲沼环堂。树响飞嘤，阶丛花药。怿爱宾客、重文藻，海内才子，莫不辐辏（còu，车轮的辐聚集到中心）。俯僚臣佐，并造隽俊。至于清晨明景，骋望南台，珍馐具备，琴笙并奏，芳醴盈罍，佳（嘉）宾满席，使梁王愧兔园。"[1]

北魏玛瑙珠串

园内有楼、太、土山、水池和水边的钓鱼台。池水弯曲，环绕建筑，花木种植在阶前，有高树鸣禽，其园的功能是宴请宾客，同客人听乐、饮酒、歌赋游园。后怿被灵太后所杀，死于党争。

（4）元雍宅园

高阳王元雍，魏孝文帝南伐时的行镇军大将军，食二千户。"岁禄万余粟，至四万伎。"后晋位孝明帝丞相、太傅。元雍家财万贯，第宅极为豪华。"贵极人臣，高兼山海，居止第宅，白壁月楣，窈窕连亘，飞檐反宇，胶葛周通（房间回廊相连）。僮仆六千，妓女五百。随珠照日，罗衣从风，自汉晋以来，诸王豪侈未之有也。……竹林鱼池，侔于禁苑。芳草如积，珍木连荫。"[2] 元雍宅园后舍为佛寺。

---

① 《洛阳伽蓝记》卷四。
② 《洛阳伽蓝记》卷三。

（5）张伦宅园

该宅园可以说是北魏洛阳私园中园林最具艺术成就的一个。

张伦，司农官，掌管朝中银钱财粮。其第宅园林"最为豪侈。斋宇光丽，服玩精奇，车马出入，逾于邦君。园林山池之美，诸王莫及。伦造景阳山，有若自然。其中重岩复岭，钦岑相属。深蹊洞壑，逦迤连接。高树巨林，足使日月蔽亏。悬葛垂带，能令风烟出入。崎岖石路，似壅而通。峥嵘涧道，盘行复直。是以山情野兴之士，游以忘归。"

《洛阳伽蓝记》卷二详细描述了张伦宅园之景："青松未胜其洁，白玉不比其珍。心托空而栖有，情如古亦如新。既不专流荡，又不偏华上。卜居静动之间，不以山水为忘。庭起半丘半壑，听以目达心想。进不入声荣，退不为隐放。尔乃决石通泉，拔岭岩前。斜与危云等曲，危与曲栋相连。下天津之高雾，纳沧海之远烟。纤列之状一如古，崩剥之势似千年。若乃绝岭悬坡，蹭蹬蹉跎。泉水纡徐如浪峭，山石高下复危多。五石百拔，十步千过，则如巫山，弗及蓬莱如何。其中烟花露草，或倾或倒，霜杆风枝，半耸半垂。玉叶金茎，散满阶墀。燃目之绮，裂鼻之馨。既共阳春等貌，复与白雪其清。……羽徒纷泊，色杂苍黄。绿头紫颊，好翠连芳。白鹤生于异县，丹足出于他乡。皆远来以臻此，藉水木以翱翔。不忆春于沙漠，遂忘秋于高阳。非斯人之感至，伺候鸟之迷方。……森罗兮风烟。孤松既能却老，半石亦可留年。"

张伦园在昭德里（今偃师义井铺村）。他的宅第不以宏大著称，而是以精美扬名。其山不同于其他宅园之土山，用石叠砌。其石采自洛阳城南的万安山、龙门山。南山石为风化的石灰岩，因此叠置的山石有似"崩剥之势似千年"。山的造型，有重岩、有复岭、有丘壑、有洞涧、有崎岖的石路，似不通而通，有绝壁峭岩，临危悬石。山石叠，按章法构置。其理水也因地制宜，没有太大的池沼水面，而是"深溪洞壑""泉水纡徐"，流水淙淙。其建筑则"庭起半丘半壑"，得体于自然。山石"危与曲栋相连"，有山廊高下曲折。

园中绿化很是讲究，山岩上有"悬葛垂罗"，山中有高林巨树，岩上、屋前，到处"烟花露草""玉叶金茎"。

| 大同城墙 |

▲ 大同城筑邑历史悠久，早在作为北魏拓跋氏的都城时就已经修筑有规模宏大的城池。现存城墙是明代大将军徐达在汉、魏、唐、辽、金、元旧城基础上于明洪武五年增筑而成。

　　园中有各种禽鸟。高树鸣禽，"有若自然"。这样的山水园林，如若不是有明确的规划构思，很难达到如此境界。

　　（二）士大夫园宅的影响和历史地位

　　1. 景观的营造手段

　　东汉私园追求皇家园林的气魄，有山岭、池沼、激流、树木、建筑和奇禽异兽。晋金谷园的园林景素，则是真实的生产、生活、居住、游赏的别墅庄园。而北魏的城市私园，除山石、溪涧、池沼、花木、建筑而外，崎岖的山道、弯曲的园路，也成了景物要素。林中有鸣禽，不养育其他禽兽，景象追求清静、质朴和苍古的自然美。

　　2. 园林的艺术气氛

　　北魏园林，如张伦园，显示出追求艺术境界的趋向。"托自然以图志""不以山水为忘""情如古亦如新"。因此山则"重岩复岭",谷则"深溪堑壑""绝岭悬坡",路则"崎岖石路,似雍而通,峥嵘涧道,盘纡复直",高、低、曲、直、阻、通,以及路边石的峥嵘嶙峋,讲究章法。水则注意源头,曲流"泉水纡徐如浪峭"。较大园林的水池,追求"曲沼环堂",使有限水面不能一眼望尽,注意岸曲。绿化讲究与环境结合,平地是"高林巨树",山崖处"悬葛垂萝",路边是"烟花露草,散满阶墀"。草种在台阶的石缝里,十分别致。建筑起景观与观景双重作用,其选址"庭起半丘半壑,听以目达心想"。自然之美,跃然在目。

晋和北魏私园是我国园林发展史上的一个重要阶段,对后世产生了深远影响。从晋金谷园到唐王维的辋川别业、李德裕的平川别墅,可谓一脉相承。从晋、北魏到明清,我国私园一直以自然山水园为主流发展,最终登峰造极。

南北朝时园林内常用山,但多是土山或土山夹石,至于用石叠山而又制作精绝的则很少。如茹皓为山"于洛阳天渊池西,采掘北邙及南山佳石,徙竹汝颖罗蒔其间,结构楼馆,列于上下"[1],已是很被人欣赏的。洛阳昭德里内有司农张伦宅,有山池园林,石山尤佳。

北魏自孝武帝迁都洛阳后,进行了全面汉化并大力吸收南朝文化,人民由于北方的统一而得到暂时的休养生息,经济和文化都很繁荣的洛阳又在魏晋旧城的基础上加以扩建,大量的私家园林散布在这些坊里之中以及近郊。其中的寿丘里王子坊的王公贵族私宅和园林大都极为考究,《洛阳伽蓝记》中说"当时四海晏清、八荒率职。于是帝族王侯、外戚公主,擅山海之富、居山林之饶。正修园宅,互相竞夸。崇门丰室,洞房连户。飞馆生风重楼起雾。高台芳榭,家家而筑。花林曲池,园园而有。莫不桃李夏绿,竹柏冬青。""入其后园,见沟渎骞厂,石磴礁尧。朱荷出池,绿萍浮水。飞梁跨阁,高树出云。"说明了造园风气之盛,园林不仅是游赏场所,还成了斗富的手段。

---

[1] 王铎《东汉、魏晋和北魏的洛阳园林》,中国古都学会编《中国古都研究(七)》,山西人民出版社,1991年版。

从上文"入其后园"大略可推知，园与宅是互相分开而又彼此毗邻的，园内已运用叠石作为造景手段有飞馆、重楼等形象丰富的建筑物，"飞梁跨阁"意即在桥上建阁，其形象大约就是后世的亭桥或廊桥的模样。

3. 士大夫园林的走向

东汉和魏晋私家园林为数很少，但到了北魏，城内的王族和封建官僚集中居住的里坊内"争修园宅""高台芳树，家家而筑；花林曲池，园园而有"。私家园林的修建在官僚和富豪中已很普遍。其原因

▎汉中拜将台▎

🔺 拜将台位于汉中市城南门外，亦称拜将坛。为南北列置的两座方形高台，各高丈许，相传为汉高祖刘邦拜韩信为大将时所筑，南台上书"韩信拜将坛"碑，北台上建有台亭阁。

是官僚有封地高禄，北魏初有分封宅地制，有建园的条件。官僚有一定文化，思想境界要求较高，当时世态生死无常，短暂的和平时间，使他们挥霍无度，竞相夸富，不知如何显耀才足以表露他们的权势和财富，石崇、元琛之流都是如此。园林也是他们奢华生活的一部分。

东汉、魏晋、北魏洛阳园林的发展，继承了我国园林发展的主流。"智者乐水，仁者乐山"的自然美学观念极重。在艺术手法上，从简单模拟自然到典型地再现自然。东汉梁冀园规模长达数里，其挖池堆置的土山，只是崤山、函谷的模拟。其艺术境界，自然显得简单。袁广汉园虽构山石，"高十余丈，连延数里"，但山之构图，仍保持初期堆山的大而简单的造型；其洲、屿、激流，是借自然河流的引注，园景由饲养珍禽异兽点缀。园林建筑追求规整、严谨，"行之移晷（guǐ，日影）不能偏也"。而晋金谷园则是根据自然山岭谷涧的条件，把生产、生活和游赏的水碓、鱼池、楼阁与自然地形有机结合，其境界自然恬怡。它与在其中出入的金谷二十四友的吟游活动是相得益彰的，这实际上是石崇追求自然美的园林艺术观的体现。显现出把人工景观融入自然之中的趋向。

北魏私家园林全部建于城市第旁宅后，用地受限制，形制受封建等级约束。在此条件下，园主为表达的园林美学观念，只有在一个小空间中再造自然。正如南朝宋人宗炳在山水美学画论中提出的"昆阆之形可围于方寸之内。竖画三寸，当千仞之高。横墨数尺，体百里之远，是以观画图者"①。

4. 园林艺术特质及其在园林史中的地位

（1）园林与时代同步发展。从皇家园林到私家园林，再到寺庙园林的出现，是与整个社会的政治、经济和社会思想文化状况相关的。

（2）园林在继承传统的基础上不断革新进步。北魏的华林园构筑的精致是建筑在魏晋华林园的基础上。有了东汉的梁冀园、西晋的金谷

---

① ［南宋］宗炳《画山水序》，沈子丞《历代论画名著汇编》，文物出版社，1982年版。

园，才会发展出小空间里作文章的张伦园。总之都是在孔子"智者乐水，仁者乐山"和荀子"山川林谷美"的自然美学思想上发展延续而来的。园林景素变化不大，但构成方式却发生了巨大的变化。

（3）此时洛阳园林代表中国园林的主流。洛阳是国都，集中了当时技术、艺术的全部精华。

（4）转折和过渡。从东汉到北魏，经历了由简单到精细、由单一到多样、由粗犷的纯自然苑园到典型地再现自然山水美的园林，其园林艺术趋于成熟，这在中国园林史上是一个转折，是秦汉风格向唐宋风格转化的过渡。特别是北魏，大踏步地完成了这一历史过渡，此后的历代王朝的宫北园林、私人第宅的宅后、宅旁园林和寺庙风景园林以及这些园林所遵循的自然美学思想和自然美的园林艺术特质，无不与其有关，可见其历史影响之深远。

第四节
佛教建筑

>>>

一、佛教及其他宗教概说

魏晋南北朝时期在中国最具影响力的宗教是佛教和道教。佛教是辗转来自印度的外来宗教，道教是土生土长的中国宗教，但在中国的传播范围和影响力都远远小于佛教。佛教大约是在两汉之际传入中国的，而道教也基本上在这个时期形成规模。

在佛教传入中国之前，中国没有真正完备的宗教。秦汉时期，中国封建社会的经济政治和文化在当时世界居于先进地位，已形成中华民族的宗教和哲学理论。在社会上占统治地位的是对天地和祖宗的崇拜和信仰，与此相应，有各种各样的方术流行。东汉明帝永平年间，佛教曾稍稍

汉代犍陀罗石佛像

露出些端倪，但真正在社会上开始产生影响是在汉末、三国年间。①

佛教传入中国约在东汉初年，汉明帝（57—75年在位）时楚王英奉佛是确凿的事实，从他将黄老、浮屠（佛陀）共同祭祀的情况来看，那时汉地对佛教的认识是模糊的，仅把其当作众神之一。

对于楚王英奉佛之事，汉明帝多少是抱有宽容态度的。楚王英谋反事发之后，汉明帝对楚王英本人和他的势力进行了彻底的镇压，佛教因为与楚王英有牵连，故而在以后的几十年中一蹶不振，直到汉桓帝（147—167年在位）时才有所发展。有关汉明帝遣使请来西域僧人摄摩腾和竺法兰，译出《四十二章经》，并修立洛阳白马寺的事，是后世人借这段历史的模糊性而假托的。

西域僧人来到中国译经和传教是从汉桓帝开始的。这时候印度佛教已经经历了原始佛教、部派佛教（小乘佛教），渐而进入大乘佛教时期。由于对教义理解的不同，在印度出现了教派分立的局面，再加上西域地区的消化和改造，使得佛教在传入汉地的初期，便难以分辨其"庐山真面目"。相传佛陀在世之时并没有成文的佛教典籍，佛教是以口头方式传播的。在佛陀涅槃（去世）后，佛教弟子进行过若干次结集，集体回忆佛陀所讲之经，并笔录下来，称为佛经。佛经不是佛陀亲笔所写，而是由不同的信徒在不同的时代写成的。

---

① 吴焯《汉明帝与佛教初传》,《传统文化与现代化》, 1995 年第 5 期。

汉地对佛教采取容受的态度后，佛教几乎是不分派别、一股脑儿涌入汉地的。其建筑形式也是杂糅了印度、希腊、西亚、中亚等不同风格，不是纯粹的印度佛教建筑。丝绸之路畅通的一千年，是中国全方位吸收和借鉴外域文化的一千年。反映在建筑上，则是尽管传入的类型多样，风格各异，但通过中国人的理解，对其加以吸收和借鉴，不但产生了汉地庞大的佛教建筑体系，也影响到了一切世俗建筑。这样大规模的文化吸收，是中国历史上极重要的一页。

中国人在混杂的佛教教义中依据自己的判断筛选，逐步统一而形成汉传佛教。这种筛选是以社会背景为前提的，不以个别人的意志为转移。后来，汉传佛教不可避免地走向教条化，早期的学派之争，演变为后来宗派之间的较量。汉传佛教的教条化、定型化，无疑会导致其趋于僵化，慢慢地失去生命力。

二、佛教建筑的类型

佛教建筑主要的功能是供奉崇拜对象、完成宗教仪轨、引发宗教情绪及供信徒居住生活。其中最具代表性的是供奉和礼拜的部分。

中国佛教建筑依建造方式的不同可分为建于地面的佛寺和依山开凿的石窟寺；依使用方式不同，可分为佛事建筑（塔院、塔庙、佛殿等）、僧住建筑（僧房、僧院）和其他附属建筑（如小品建筑）等；依单体建筑形式之不同，又可大致分为殿堂、佛塔、楼阁、亭台、廊庑及小品建筑（如唐代出现的经幢）等。

东汉末年，下邳相笮融"大起

| 汉代犍陀罗舍利塔 |

浮屠寺，上累金盘，下为重楼，又堂阁周回，可容三千许人。作黄金涂像，衣以锦彩，每浴佛，辄多设饮饭，布席于路，其有就食及观者且万余人。"①从这段记载可知，笮融的浮屠寺主体建筑是一座重楼，即多层楼式建筑，上面累置了几重金盘，即今日所见塔刹、相轮之类，在重楼的周围设置了回旋相通的堂阁廊庑一类的建筑。由此推断，此佛寺的形制与印度佛寺的塔院很相近，也与中国传统的祭祀建筑合拍。可见中国佛教建筑的渊源是多头的，印度本土和西域中亚的影响是平行并列的，再加上中国本土建筑的传统，使得佛教建筑呈现出非常独特的面貌。它在不断发展成长的过程中，也无时不在影响着中国其他宗教的建筑，比如说道教建筑。道教礼仪法规和建筑组成，很多都是模仿佛教而来的。

公元3世纪印度阿育王时期以后，印度佛教逐渐传播到印度西北地区、大夏、安息，并沿着丝绸之路向西域各国传播。佛教真正在中国产生广泛影响之前，在西域中亚地区已得到了非常大的发展，并在建筑形制上发生了较大的转型。

总的来看，中国佛教建筑的发展大致经过了四个时期：依附期（东汉）、混杂期（魏晋南北朝）、整合期（唐宋）和定型期（明清）。其总的趋势是走向汉化，魏晋南北朝时期处于佛教信仰的狂热时期，同时也是教义混杂、多头并进的时期。以外域僧人自西向东的"送"为主，兼有一些汉地僧人自东向西的"取"（如朱士行、法显等）。佛教建筑汉化的成分少，照搬的因素多，其参照的蓝本也各不相同。在此先将当时主要的佛教建筑分类叙述如下。

（一）佛寺

1. 魏明帝时之宫西佛图

《魏书》记："魏明帝曾欲坏宫西佛图。外国沙门乃金盘盛水，置于殿前，以佛舍利投之于水，乃有五色光起，于是帝叹曰：'自非灵异，安得尔乎？'遂徙于道东，为作周阁百间。佛图故处，凿为蒙汜池，种芙蓉于中。"

---

① 《后汉书·陶谦传》注中云："浮屠，佛也。"

洛阳白马寺

2. 洛阳白马寺

至迟在西晋已有此寺。相传建于东汉明帝永平年间，但此说很不可信。据《出三藏记集》卷七、八所载的译经后记，西晋明僧竺法护在太康十年（289）译《文殊师利净律经》和《魔逆经》、永熙元年（290）译《正法华经》，都在"洛阳城西白马寺。"① 北齐魏收撰之《魏书》记曰："后有天竺沙门昙柯迦罗入洛，宣译戒律，中国戒律之始也。自洛中构白马寺，盛饰佛图，画迹甚妙，为四方式。凡宫塔制度，犹依天竺旧状而重拘之，从一级至三、五、七、九。世人相承，谓之浮屠，或云佛图。晋世，洛中佛图有四十二所矣。"

3. 北魏洛阳的佛寺

据《洛阳伽蓝记》的记载来分析，北魏洛阳的佛寺主要有以下三类。

---

① 任继愈《中国佛教史》第一卷，中国社会科学出版社，1981 年版，第 103 页。

永宁寺

　　第一类是有塔的寺院。大致分为两种，一种是以洛阳永宁寺为代表，史料中记载较详细的以塔居中，周围以其他建筑明显地处于从属位置，如下。

　　（1）永宁寺：熙平元年（516）所建。"中有九层浮屠一所，架木为之，举高九十丈（约200米）。有刹，复高十丈（约33米），合去地一千尺（约333米）。去京师百里，已遥见之。……浮屠北有佛殿一所，形如太极殿，……寺院墙皆施短椽，以瓦覆之，若今之宫墙也。四面各开一门。南门楼三重，通三道。去地二十丈（约66米），形制似今端门。……东西两门亦皆如之。所可异者，唯楼二重。北门一道，不施屋，似乌头门。"

　　（2）白马寺：参见前文。

　　（3）瑶光寺：有五层浮屠一所，去地五十丈（约166.7米）。仙掌凌虚，铎垂云表，做工之妙，埒美永宁讲殿。尼房五百余间，绮疏连亘，户牖相通，珍木香草，不可胜言。

秦汉至魏晋南北朝建筑雕塑史

（4）秦太上君寺：中有五层浮屠一所，修刹入云，高门向街。佛事庄严，等于永宁。诵室禅堂，周流重叠，花林芳草，遍阶墀，常有大德名僧，讲一切位。受业沙门，亦有千数。

（5）景明寺（塔为后建）：其寺东西南北，方五百步（约250米）。前望嵩山、少室，却负帝城，青林垂影，绿水为文。形胜之地，爽垲独美，山悬堂光观，盛一千余间。复殿重房，交疏对溜，青台紫阁，浮道相通，虽外有四时，而内无寒暑。房檐之外，皆是山池，竹松兰芷，垂到阶墀，含风团露，流香吐馥。至正光年中，太后始造七层浮屠一所，去地百仞。是以刑饰华丽，侔于永宁。金盘宝铎，焕烂霞表。寺有三池，萑蒲菱藕，水物生焉。或黄甲紫鳞，出没于繁藻，或青凫白雁，浮沉于绿水。磨春簸，皆用水功。

（6）融觉寺：有五层浮屠一所，佛殿僧房，充谧一里。

有塔寺院的另一种是文献中所记载的除塔而外，其他建筑都不详尽，或许没有佛殿、讲堂一类的建筑，如下。

（1）长秋寺：寺北有濛汜池，夏则有水，冬则竭矣。中有三层浮屠一所，金盘灵刹，曜诸城内。作六牙白象负释迦，庄严佛事，悉用金玉。工作之异，难以具陈。

（2）明悬尼寺：有三层塔一所，未加庄严。

（3）双女寺：分东、西二寺。东寺，太后所立；西寺，皇姨所建。并门邻洛水，林木扶，奕布叶垂阴。各有五层浮屠一所，高五十丈（约166.7米），素布工，比于景明。

（4）灵台浮屠：大统寺东有灵台一所，基址虽颓，犹高五丈余，中汉光武帝所立者。灵台东辟雍，是魏武所立者。至我正光中，造明堂于辟雍之西南，上圆下方，八窗四。汝南王复造砖浮屠于灵台之上。

（5）王典御寺：时阉官伽蓝皆为尼寺，唯桃汤所建僧寺，世人称之英雄。门有三层浮屠一所，工昭义（尼寺）。

（6）宝光寺：有三层浮屠一所，以石为基，形制甚古，画工雕刻。隐士赵逸见而叹曰："晋朝石塔寺，今为宝光寺也！"

第二类是舍宅为寺而来的寺院，如下。

（1）建中寺：本是阉官司空刘腾宅。屋宇奢侈，梁栋逾制，一里（500米）之间，廊庑充溢，堂比宣兴殿，门匹乾明门，博敞弘丽，诸王莫及也。……建明元年，尚书令乐平王尔朱世隆为荣（指太原王尔朱荣追福，题以为寺，朱门黄阁，所谓仙居也。以前厅为佛殿，后堂为讲室，金花宝盖，遍满其中。有一凉风堂，本腾避暑之处，凄凉常冷，经夏无蝇，有万年千岁之树也）。

（2）愿会寺：中书舍人王翊舍宅所立也。佛堂前生桑树一株，……京师道俗谓之神桑。

（3）光明寺：苞信县令段晖宅，地下常闻钟声。时见五色光明，照于堂宇。晖甚异之，遂掘光所，得金像一躯，可高三尺（约1米）。……晖遂舍宅为光明寺。

（4）平等寺：广平武穆王怀舍宅所立也。堂宇宏美，林木萧森，平台复道，独显当也。

（5）景宁寺：太保司徒公杨椿所立也。在青阳门外三里（1500米）御道南，所谓景宁里也。高祖迁都洛邑，椿创居此里，遂分宅为寺，因此名之。制饰甚美，绮柱朱。

（6）归正寺：正光四年（523）中，萧衍子西丰侯萧正德来降，处金陵馆，为筑室归正里，正德舍宅为归正寺。

（7）高阳王寺：高阳王雍之宅也。雍为尔朱荣所害也，舍宅以为寺。

（8）崇虚寺：即汉之濯龙阁①。设华盖之座，用郊天之乐，此其地也。高祖迁京之始，以地给民。憩者多见妖怪，是以人皆去之，遂立寺焉。

（9）冲觉寺：太傅清河王怿舍宅所立也。……为文献（清河王怿）谥号追福，建五层浮屠一所，工作与瑶光寺相似也。

（10）宣忠寺：侍中司州牧城阳王徽所立也。永安中，北海入洛，庄帝北巡，自余诸王，各怀二望，唯徽独从庄帝至长子城。大兵阻河，雌雄未决，徽愿入洛阳舍宅为寺。及北海败散，国道重晖，遂舍宅焉。

（11）追光寺：侍中尚书令东平王略之宅也。……建义元年，死于汉阴。嗣王景式（略之子）舍宅为此寺。

（12）大觉寺：广平王怀舍宅也。……怀所居之堂，上置七佛。林池飞阁，比之景明（寺名）。……永熙年中，……造砖浮屠一所，是土石之工，穷精极丽。

（13）景皓舍宅之寺：（景皓）尤善玄言道家之业，遂舍半宅，安置僧徒……晖（指武威人孟仲晖）遂造人中夹像一躯，相好端严，稀世所有，置皓前厅，须臾弥宝座。

（14）凝圆寺：阉官济州刺史贾璨所立也。迁京之初，创居此里，值母亡，舍以为寺。地形高显，下临城阙。房庑精丽，竹柏成林，实是净行息心之所也。

舍宅为寺的风气并非始于中国。佛祖释迦牟尼在印度创立佛教时，就有了信徒把自己的家园献出来。如释迦牟尼在王舍城宣说佛法

---

① 《后汉书·桓帝纪》："延熹九年七月庚午，祠黄老于濯龙宫。"

时，皈依佛教的迦兰陀长者，献出竹园。摩揭陀国王频婆娑罗在竹园修建精舍，施与释迦，这就是有名的竹林精舍（梵文 Venuvanavihara）。再如释迦牟尼成道后，萨罗国（kosala，亦作拘萨罗）富有的商人须达多（又称给孤独长者）用大量金钱购置波斯匿王太子祇陀（jete）在舍卫城南的花园，建筑精舍，献给释迦牟尼作为其在舍卫国居住说法的场所。祇陀太子将园中树木也献给释迦，这就是后来的印度佛教圣地之一的祇园精舍（梵文 Jetavanavihara）。由此可见，舍宅为寺之风来自印度。

佛教信徒之所以把自己的产业、家宅献给佛祖，是为了"积累功德"，造福来世。我们应当看到，只有社会上层统治阶级、有钱人才可能用舍献家宅的办法来求得佛祖保佑。而那些兵荒马乱之中在生死边缘挣扎的穷苦人民，在衣食不饱的情况下，怎可能有家宅来舍献呢？因此舍宅为寺只不过是统治阶级、富人们以期求得一张在西方佛国极乐世界继续享乐的入场券而已。

正是佛教教义的号召力才使得舍宅为寺之风在中国盛行，从而也就决定了这种以中国传统建筑格局为基础建立起来的佛寺是中国佛寺类型的主导型制。仅从《洛阳伽蓝记》中列举的佛寺为依据进行分析，不难看出，在总计列出的四五十个寺院当中，有塔的不过十四五座，而真正明确被描述是四方式布局，中心设塔，塔在佛教之前的仅永宁寺等一两个例子。可见这种"依天竺旧状"而建的佛寺在佛教传入中国的早期在数量上也并不是多数。

第三类是除建塔的寺院和舍宅而来的寺院而外的其他寺院，如下。

（1）景乐寺：有佛殿一所，像辇在焉，雕刻精妙，冠绝一时。堂庑周环，曲房连接，轻条拂户，花蕊被庭。

（2）照仪尼寺：寺有一佛二菩萨，塑工精绝，京师所天也。有池，隐士赵逸云：此地是晋侍中石崇家池，池南有绿珠楼。

（3）修梵寺：寺有金刚，鸠鸽不入，鸟雀不栖。

（4）景林寺：讲殿叠起，房屋连属，丹槛炫日，楸迎风，实为胜地。寺西有园，中有禅房一所，内置祇洹精舍，形制精舍，形制虽小，巧构难比。加以禅阁虚静，隐室凝邃，嘉树雁夹牖，芳杜匝，虽云朝市，想同严谷。静行之僧，绳坐其内，餐服道，结跏数息。

（5）宗圣寺：有像一躯，举高三丈，端严殊特，相好异备，士庶瞻仰，目不暂瞬。此像一出，市井皆空……

（6）景兴尼寺：有金像辇，去地三尺（约1米），施宝盖，四面垂金铃七宝珠，飞天使乐，望之云表。做工甚精，难可扬推像出之曰……

（7）龙华寺：宿卫羽林虎贲等所立也。寺南有租场。

（8）建阳里的精舍：阳渠北有建阳里，里有土台，高三丈（约10米），上作二精舍。赵逸云："此台是中朝旗亭也。"上有二层楼，悬鼓击之能罢市。有钟一口，撞之闻五十里。

（9）璎珞寺：（建阳里）内有璎珞、慈善、晖和、通觉、晖玄、宗圣、魏昌、熙平、困果等十寺。里内士庶二千余户，信崇三宝，众僧利养，百姓所供也。

（10）崇真寺：比丘惠凝死，七日还活。

（11）魏昌尼寺：在（建阳）里东南角，即中朝牛马市处也。

（12）庄严寺：北为租场。

（13）正始寺：宇精净，美于景林（寺）。众僧房前，高林对牖，青松绿柽，连枝交映。多有枳树而不中食。有石碑一枚，背上有侍中催光施钱四十万，陈留侯李崇施钱二十万，自余百官各有差少者不减五千以下，后人刊之。

（14）大统寺：在景明寺西、寺南有三公令史高显洛宅。

（15）招福寺：（高显洛宅中）每夜见赤光行于堂前，如此者非一。向光明所掘地丈余得黄金百斤，铭云："苏秦家金，得者为吾造功德。"显洛遂造招福寺。

（16）报德寺：高祖孝文皇帝所立也，为冯太后追福。

（17）菩提寺：西域胡人所立也。

（18）龙华寺和追圣寺：并在报德寺之东。法事僧房，比秦太上公（寺）。京师寺皆种杂果，而此三寺（指龙华、追寺、报德三寺），园林茂盛，莫之与争。

（19）神虚寺：寺前有阅武场，岁终农隙，甲士习战，千乘万骑，常在于此。有羽林马僧相善抵角戏，掷戟与百尺树齐等；虎贲张车掷刀出楼一丈。帝亦观戏在楼，恒令：人对为角戏。

上述第三类寺院在文献记载中不甚详细，所以对它们的格局，建筑形制很难认证。但这些记述于我们的研究还是有一定价值的。其一，我们可以认为这些寺院是没有塔的，因为从《洛阳伽蓝记》的记述形式来看，对于塔这样一种比较引人注意的建筑是不会轻易放过不记的。这就从一个侧面证明了在早期的佛寺当中有塔的佛寺并不占多数。其二，这一部分寺院的建成似乎也不是为舍宅为寺而来，鉴于在《洛阳伽蓝记》中所记述的佛寺中这一类寺院占近一半，这就不能不引起我们的注意了。它们的形制到底是怎么样的呢？值得进一步研究。笔者认为这一类佛寺中有相当多的还是依中国传统建筑格局而建，如景东寺、昭仪尼寺、景林寺、宗圣寺、景兴尼寺、正始寺、龙华寺、追圣寺等。其三，对这些佛寺的记述中有些细节对于我们的研究仍有很大意义，如景乐寺、昭仪尼寺、修梵寺、宗圣寺、景兴尼寺等对佛像的记载，可获得有关佛、菩萨供奉的一些线索，并了解一些当时的法事活动，再如有关建阳里有钟、鼓楼的记载，对我们研究佛寺钟、鼓楼的由来也有意义；还有如禅虚寺前阅武场的记载，说"帝亦观戏在楼"，可知此寺之山门应是楼阁式的了。其四，关于寺院的环境，几乎所有寺院内的景致都很优美，这方面的记述对我们研究佛寺的环境气氛与寺庙园林的发展无疑是很有价值的。

（二）石窟寺

石窟寺是佛教建筑的一种重要类型，它是在山崖陡壁上开凿出来的洞窟形的佛寺建筑。从中国汉代的崖墓开始，就已有了开凿山崖并以建筑手法处理的传统。但石窟寺的开凿，其渊源无疑是来自印度。印度的阿旃陀、卡尔利以及西域中亚等许多石窟是中国石窟寺建筑的蓝本。石窟寺随着佛教的传入而出现，在南北朝时期达到了极盛。随着石窟寺在中国内地的不断开凿，其形制、雕刻细部处理手法等也发生了许多变化，中国固有的文化艺术与外来文化在石窟寺的建造当中不断融合，形成了中国建筑艺术当中独具特色的一支。

1. 新疆地区的石窟

新疆地处汉地与西域中亚之间，古时是西域地区的一部分，也是中原与中亚乃至欧洲贸易的必经之路。汉武帝时，张骞奉命出使西域，打通了这一至关重要的军事和贸易要道，这条后来被人们称作"丝绸之路"①的交通线在数百年间都基本上保持了通畅，除了军队和使团外，大批商人、僧侣、学者和游人都成了这条路上的常客。

佛教传入新疆地区大约在公元 2 世纪中叶（150 年左右），那时中亚一带正值贵霜王迦腻色迦（约 144—167 年在位）统治时期。当时贵霜帝国十分强盛，与中国、罗马、安息并称世界四大强国②。迦腻色迦王信仰佛教，在他的大力弘扬下，中亚地区成为著名的佛教中心，"犍陀罗佛教艺术"也因此被强有力地传播到四方。今天新疆境内的库车、吐鲁番、于阗一带的佛教遗迹，大多是在 2 世纪至 3 世纪受贵霜帝国的影响而形成的。

库车古名龟兹，是古代新疆地区的大国，东汉出使西域的班超曾说过："若得龟兹，则西域未服者百分之一耳。"这一地区留下了大量佛教遗迹，以克孜尔石窟为其主要代表。克孜尔石窟位于拜城县东南，开凿于木札提河北岸明屋达格山的峭壁间，200 余窟，延伸长度达 2 千米，十分壮观。其始建的年代约在公元 4 世纪，类型主要有支提窟、中心塔柱窟、大佛窟等。

汉代犍陀罗银堵坡

---

① "丝绸之路"一词是普鲁士地质学家、旅行家和东方学家李希托芬（F. Richthofen，1833—1905）在他的著作《中国亲程旅行记》中首次提出的，后来便在世界上流传开了。见耿升《法国学者对丝绸之路的研究》,《中国史研究动态》1996 年第 1 期。

② 《中国大百科全书·中国历史》。

支提窟是直接受印度影响而来的，其特征是洞窟为长条形，窟后部的尽端凿成圆形，并建有佛教的崇拜对象——窣堵坡。这是一种用于集会和举行参拜活动的石窟，也称塔庙。

中心塔柱窟的形制显然是来自龟兹毗邻的中亚地区，而非直接来自印度。其特征是主室平面呈方形，室的中央为一方柱，直通窟顶，起支撑窟顶的作用。由于此地岩质疏松，易塌毁，故而设中心柱以加强石窟的坚固性。中心塔柱上雕画佛说法图，窟的后壁则画释迦涅槃像，窟门上方画交脚弥勒佛天宫说法图。此外，窟室顶部刻画出天相图及日月、风雷、金翅鸟等图案，并在侧壁画出佛的事迹故事，整个洞窟中以绘画为主，这也是因为岩石松软、不利于雕刻的缘故。

秦汉至魏晋南北朝建筑雕塑史

大佛窟实际上是中心塔柱窟的一个变种，多为前后双室，前室较为宽大，平面为椭圆形，顶部呈穹隆状，窟的后壁雕有高达数米甚至10余米的立佛像，其左右有两条甬道通往后室，后室平面方形，顶部为纵券形，并画有飞天等题材，后壁凿有长条形平台，上面塑释迦牟尼涅槃像。与中心塔柱窟相似，这种石窟中也以故事性很强的壁画，生动地描绘出佛祖即将离去、未来佛将要出世的佛经中的场景。

毗诃罗窟也来自印度，是印度的僧伽蓝在石窟中的翻版。可以简单地理解为僧侣修行用的僧房。僧侣注重修行，生活十分简朴，所以毗诃罗窟中多开有像壁龛一样的小室，仅数尺见方，僧侣在其中可充分体会苦行的意义。石窟群中，毗诃罗窟的数量较多，这是因为修行的僧侣较多的缘故。

2. 石窟寺兴盛的原因

河西走廊一带在十六国后期就有了石窟寺的建设，较早的有甘肃敦煌莫高窟 ①、酒泉文殊山石窟 ②、张掖马蹄寺石窟 ③、永靖炳灵寺石窟 ④、天水麦积山石窟 ⑤ 等，但规模都不大。

中原地区大规模兴建石窟寺，应以位于现在山西大同附近的云冈石窟为最早。《魏书·释老志》载："（北魏）和平初（460），师贤卒。昙曜代之……于京城 ⑥ 西武州塞，凿山石壁，开窟五所，镌建佛像各一。"这是云冈石窟创建时的情况。

---

① 据唐代《重修莫高窟佛龛碑》记载，敦煌莫高窟的创建始于十六国前秦苻坚建元二年（公元336年），但从现在的遗迹看，最早的是十六国北梁时代的268、272、275三窟，时间约在401—439年之间。

② 酒泉曾先后在十六国前凉、西凉和北凉的统治之下，这些国家都盛行佛教，故文殊山石窟有可能始于此时期，但现存遗迹年代不详。可参见史岩《酒泉文殊山的石窟寺院遗迹》，《文物参考资料》1956年第7期。

③ 马蹄寺石窟群中的金塔寺石窟从造像风格来看，很类似永靖炳灵寺石窟第169窟中十六国时期的造像，推想马蹄寺石窟群最早的开凿年代应在十六国时期。参见史岩《散布在祁连山区民乐县境的石窟群》，《文物参考资料》1956年第4期。

④ 创建于西秦建弘元年（420）。

⑤ 创建年代在后秦年间，时间在384—417年之间。参见《麦积山石窟的创造年代》，《文物》1983年第6期。

⑥ 指北魏当时的都城平城，即今山西大同。

| 马蹄寺石窟 |

 马蹄寺石窟位于甘肃省肃南裕固族自治县城东南80余千米的临松山中,计有北寺、南寺、千佛洞、金塔寺和上、中、下观音洞等处。各处相距数千米至数十千米不等。因山崖石质属粗红砂岩,不便雕刻,故绝大多数为泥塑。

| 云冈石窟 |

　　在云冈昙曜五窟开凿之前，北魏的佛教就曾盛行一时，北魏皇帝对佛教亦采取宽容和扶持的态度，如太祖道武帝拓跋珪曾说："夫佛法之兴，其来远矣。济益之功，冥及存没，神踪遗轨，信可依凭。其敕有司，于京城建饰容范，修整宫舍，令信向之徒，有所居止。"①在此之后，"太宗（明元帝拓跋嗣，409—423 年在位）践位，遵太祖之业，亦好黄老，又崇佛法，京邑四方，建立图像，仍令沙门敷导民俗。……世祖（太武帝拓跋焘，424—451 年在位）初即位，亦尊太祖、太宗之业，每引高德沙门，与共谈论。于四月八日，舆诸佛像，行于广衢（qú，大路），帝亲御门楼，临观散花，以致礼敬。"②可见当时不但皇帝奉行尊佛的政策，而且社会上有用车装载佛像并在大街上游行的

————————————

①　《魏书·释老志》。
②　同上。

习俗，佛教呈现出兴旺发达的景象。这时候已有佛像的制作，但尚未有石窟的建设，说明此时用开凿石窟积修功德的方法并未传入中土地区。而佛像（画像和小型塑像）由于携带方便而先期到达，并已拥有了大批信众，说明佛教在中国内地传播时是选择了尽量快捷的方法和途径。

直到文成帝（452—465 年在位）年间，凿山为寺和摩崖造像之法才传到中原地区，并在皇帝的提倡下渐渐盛行。这说明比之于一般的画像、塑像之类的供奉方式，依山开凿石窟、镌刻石雕佛像更具有永恒的感觉。从云冈石窟初期的建造情况来看，不难发现当时重视造像胜过石窟形式的本身，也就是说当时并不太注重石窟的形制是否与印度佛教的礼仪轨制相吻合，比如大佛是依山凿刻的，并未留有可供"右旋"礼拜致敬的通道。而且昙曜五窟中的佛像刻意模仿北魏皇帝的容貌，一方面是欲借佛教来抬高帝王的身份，另一方面反映出佛教要在中国发展也不得不讨好皇帝的事实。[1] 总之，这时佛教中国化的倾向已经非常明显了。

南北朝时期深刻的社会危机给佛教的兴盛提供了温床，由于阶级矛盾趋于尖锐，战争连年不断，广大的各族人民群众普遍厌倦战争却又深陷其中无法摆脱，只好把精神彻底寄托在幻想天国极乐的佛教思想上；另一方面，统治阶级同样朝不保夕，皇位随时会落于他人之手，为了祈求永享富贵，既要麻醉人民，也是麻醉自己，他们也投向佛教。但统治者最为关心的还是自己的皇权王位，当他们感到佛教势力过于强大时，就采取手段控制其发展，甚至不惜扼杀和毁灭，可见中国的佛教是不可能凌驾于皇权之上的。石窟寺之所以在北魏中期得以兴盛起来，主要是在中国经历了很长一段的依附期之后，已经取得了比较稳固的地位，终于可以把印度佛教建筑的原型搬过来了。即便如此，在具体的处理手法上也已经掺杂了大量比较具有中国风味的因素，经过一番改头换面，总

---

[1] 早在太祖道武帝年间，就有僧人法果经常向皇帝致拜，并说："太祖明睿好道，即是当今如来，沙门宜应尽礼，……我非拜天子，乃是礼佛耳。"把皇帝与佛抬到同样高的地位。一见《魏书·释老志》。

| 敦煌莫高窟九层楼 |

算是在中国站稳了脚跟。这一新的建筑形式在统治者的提倡下，很快便风靡了整个中国北部，直到唐代以后才逐渐降了温。①

3. 石窟寺的建筑成就

南北朝时期兴建的重要石窟寺有山西大同云冈石窟、甘肃敦煌莫高窟、甘肃天水麦积山石窟、河南洛阳龙门石窟、山西太原天龙山石窟，河北峰峰矿区南北响堂山石窟等。除了敦煌莫高窟和洛阳龙门石窟在隋、唐以后相继大量开凿外，其余各处石窟主要是在南北朝时期开凿的。

这一时期的石窟主要有三种窟型。

---

① 有些学者提出石窟的兴盛源于气候，说地球上曾交替存在过一系列寒冷期和温暖期，南北朝时期正是一次寒冷期的开始，由于气候恶化的缘故，居住在中国西北部寒冷地区的游牧少数民族不得不强行进入温暖的黄河流域，而黄河流域的汉族也被迫南移到长江流域，从而在政治上形成南北对峙的局面。由于北方较寒冷，故而宗教活动也多在石窟寺这样的建筑中进行，以取得较好的防寒条件。而南方气候温暖，故而在北方很盛行的石窟，在南方则比较少。笔者认为，上述说法较为片面，仅作一家之言收录于此。

（1）大佛窟

如云冈的昙曜五窟（现编号为第 16～20 窟），其主要特点是窟的平面呈椭圆形（类长方形），顶部类似于穹隆形，室内空间像一个巨大的帐篷。窟内没有细致的建筑处理，其后壁雕凿巨大的主像，正前方开门洞，现多塌毁。而崖外可能曾修筑过木构的殿廊，但今已无存。其中第 17 窟的雕像最高，达 15.6 米，其左右有侍立的协侍菩萨，左右壁又雕刻许多小佛像。所有的五尊主像都几乎充满整个洞窟，使得石窟内部空间显得相当局促。

（2）有中心塔柱的石窟

这类石窟在时间上属北魏中晚期，从形制上看，平面多呈方形，在窟中央设有一座塔形的中心柱，一般雕成多层式木塔的形象，也有雕成佛龛形状。窟的内部多仿一般木建筑室内的景象，雕凿出一些木构的细部，顶部形式多样，有覆斗顶、穹隆顶点、平顶等。这类石窟的内部墙面都有大量精湛的雕像、壁画或装饰，涉及各种佛教题材。窟内的主尊佛像体量适中，并不过分高大，其他的塑像稍小，起到衬托和呼应作用，宾主地位分明而适当。整个洞窟内部空间显得比较开阔，便于信众的瞻仰和参拜。石窟的外部入口处雕有火焰形券门，门的上部开有一个方形窗，整个形式与印度的石窟外部十分相似，反而显得比早期的大佛窟更具有印度、西域的风味。实例如云冈第 1、2、6、11、21 窟，敦煌第 251、254、285[1] 窟，巩义市石窟寺第 2、3、5 窟，义县万佛堂西区第 1 窟等。

（3）中国式的石窟

所谓中国式，是指这类石窟在形式上基本上是模仿中国传统的木构建筑，可以说是石刻的"木"建筑。

实例如云冈第 9、10 两窟，平面为前后两个方室串联的形式，其前室入口处雕有两个大柱，空间形式恰如三开间的木构建筑，与中国传统

---

① 敦煌第 285 窟平面方形，正中为一土台，据说从前土台上面曾建有一土塔，故该窟形制应为中心塔柱式。参见阎文儒《莫高窟的石窟构造》，载萧默编《敦煌建筑》，中国新疆美术摄影出版社、新西兰霍兰德出版有限公司 1992 年版。

的崖墓祭室可谓异曲同工 ①。

再如麦积山第 4 窟，俗称七佛阁，前廊面阔 7 间，长 31.5 米。方形列柱高 8.87 米，上置栌斗，承受檐额，而栌斗口内有梁头伸出。其上部虽已残缺不全，仍可看出原来刻有庑殿式屋顶，正脊两端各置有鸱尾。前廊深 4 米，上部雕长方形平棊；廊后排列七个佛龛，不但规模巨大，而且忠实地表现了木建筑式样。

这类石窟中最为精美的实例是天龙山第 16 窟，它完成于公元 560 年，是南北朝晚期的作品。前廊面阔三间，八角形列柱在雕刻莲瓣的基础上，柱子比例瘦长，且有显著收分，柱上的栌斗，阑额和额上的斗拱的比例与卷杀都做到十分准确。廊子的高度和宽度以及廊子和后面的窟门的比例，都恰到好处。到这时，石窟形象的本土化已达到相当完善的程度。

（三）佛塔

佛塔是中国佛教建筑中最重要的建筑。依建造材料的不同，佛塔可分为木塔、砖塔和石塔等几类。从文献记载看，这一时期木塔占了大多数，但由于木质易朽，没有一座能保存到今天。而砖塔、石塔留存下来的倒有些例子，其中一些仿木构可以作为推测木塔形制的旁证。

依佛塔的形象特征划分，则有楼阁式、密檐式、单层式等几种。

1. 楼阁式塔

楼阁式塔在中国汉地最早的实例可以追溯到东汉末年笮融（生卒年不详）在徐州修建的浮屠祠。《三国志·吴志·刘繇传》云："（笮融）乃大起浮屠祠……垂铜盘九重，下为重楼阁道，可容三千余人。"② 笮融所建之浮屠祠，最明显的特征就是其是一座楼阁式建筑，这一特征也代表了后来中国佛塔的主流。

---

① 例如四川宜宾黄伞溪东汉崖墓，其祭室入口上有雕刻有横列的斗拱及其他装饰，全仿木结构。

② 另有《后汉书·陶谦传》云："笮融大起浮屠寺，上累金盘，下为重楼。又堂阁周围，可容三千许人。"该书为南朝宋人范晔撰，较晋人陈寿的《三国志》时代稍晚。

西晋洛阳白马寺的佛塔也是一座多层楼式的建筑，《魏书·释老志》描述得很清楚："自洛中构白马寺，盛饰佛图，画亦甚妙，为四方式。凡宫塔制度，犹依天竺旧状而重构之，从一级至三、五、七、九，世人相承，谓之'浮屠'，或云'佛屠'，晋世洛中佛图有四十二所矣。"这里的"重构"，应理解为重叠建造，因此才有后面的"一级至三、五、七、九"等级数，至于这座"浮屠"是用什么材料建造的，却不得其详。

南北朝时期，中国虽处于分裂状态，但佛教在南方、北方都很兴盛。修造佛塔成为风气，而皇室出面建造的佛塔就更为豪华、壮观。北魏洛阳永宁寺浮屠，是洛阳城中最为雄伟的建筑。建康阿育王寺三层塔，于梁武帝中大通三年重建①，其下有地穴，穴内有石函、铁壶等，其中藏有佛舍利，如《梁书，扶南国传》载："初穿土四尺，得龙窟，及昔人所舍金银环钏钗镊等诸杂宝物，可深九尺许，方至石磉，磉下有石

---

① 该塔创建于东晋孝武帝太元十六年（391）。

函，函内有铁壶，以盛银钳，钳内有金镂罌，盛三舍利，如粟粒大，圆正光洁，又有琉璃碗，得四舍利及发爪，爪有四枚，并为沉香色。"这种塔下建地穴并藏佛教法物的做法，后来唐宋时期的佛塔一直深受其影响。

南北朝的木楼阁塔，平面为方形，在塔的中央多设一根顶天立地的柱子，平面形制恰似中心塔柱式石窟。据判断，这根中心柱是整个塔的支点，其下部深埋在地下，用以使塔身牢固，而柱头一直伸出塔顶，成为塔刹的骨干部分，故而又称刹柱[①]。再如北魏洛阳永宁寺塔，据《洛阳伽蓝记》的记载也是有刹柱的，书中写道："永熙三年二月，浮屠为火所烧，……火经三月不灭，有入地柱火，寻柱周年，犹有烟气。"[②]

这种以刹柱为中心的造塔方法在后来的隋唐时期依然盛行，并影响到日本。如日本最古老的木建筑之一的法隆寺五重塔，就有木制中心刹柱自塔顶宝珠，直达下部地下，可以作为我们研究中国木楼阁塔形制的佐证。

2. 砖造密檐式塔

密檐塔的形象特征是塔的底层特别高大，上部为多层出檐，塔的檐部逐渐内收，密檐间距也越来越小，在塔的顶部也安置有塔刹。

北魏正光四年（523）建造的河南登封市嵩岳寺塔是中国现存年代最早的密檐塔，高近 40 米，底层直径约 10 米，墙厚约 2.5 米，内部空间直径约为 5 米。整个塔的形制十分古老，除了唐代重修过的塔刹部分用石雕外，整座塔都是灰黄色的砖块砌成。塔基为单层，形式简朴，底层塔身十分高大，中部用叠涩出挑的砖线脚将其分为两段，上段稍大。其上开始是 15 层逐渐内收的密檐，整个塔的外形呈抛物线状，如同一

---

① 《广弘明集》卷十六吕文强《谢敕赉柏刹柱并铜万斤启》中曾提到"柏刹柱一口，铜一万斤，供起天中天寺"，可见刹柱是修建佛寺时很重要的材料。

② 《高僧传·慧受传》载有造塔立刹柱的故事，云："初立山东一小屋，每夕复梦见一青龙，从南方来，化为刹柱，受将沙弥至新亭江寻觅，乃见长木随流而下，受曰：'必是吾所梦见者也。'于是雇人牵上，竖立为刹，架一层，道俗竞集，咸叹神异。"此记可为佐证。

崇岳寺塔

枚来自外星的炮弹，坚强有力而又神秘莫测，充分显示出宗教建筑独特的艺术感染力。这种密檐形式，在后来唐代的密檐塔上仍可以明显地看到。

　　这座塔的平面为正十二边形，是中国佛塔中的孤例。四个对着正方位的面上刻有贯通底层塔身的门，门上部呈拱状，并雕有火焰形装饰。塔身下段除开门的面外，其余八面都是素砖面，塔身上段，则各砌出单层方塔形的壁龛，中间开有门洞。塔的内部为空筒状，平面最下层为十二边形，至塔身上段则改成正八边形。这种密檐塔，即使内部可以登上，也并不利于观景。它不像楼阁塔那样每层有平坐，人们可以走出塔身而一览远近的景色，密檐塔在这一点上就显得很欠缺了，这也是密檐塔在中国远不如楼阁塔普及的主要原因之一。

　　3. 单层塔

　　佛塔的梵文原意是佛祖释迦牟尼的坟。佛教传入中国以后，其礼拜对象逐渐由佛塔转向佛像，佛塔在寺院中的地位便有所下降，作为佛祖至高无上的坟的概念也有所弱化，有些高僧去世之后，也会修建小塔以示纪念。这种高僧的墓塔形制为单层，称单层塔。

据史书记载，北魏高僧惠始（？—435 年左右）的坟冢之上，就建有坟塔①。甚至在百姓的坟上，也有建塔的例子②。说明当时佛教的影响已经深入民间，进而演化成为风俗。

留存到今天的南北朝时期的单层塔的例子并不多，如河南安阳宝山寺北齐双石塔。其中之一是宝山寺道凭法师（？—563）的墓塔，另一座名号不详。两座塔均高 2 米余，平面为方形，基座三层，宽 1 米余，塔身约半米见方，南面开有火焰式门，门两侧雕有方形倚柱，柱头和柱础均有莲花题材的雕饰。塔身中空，为一方形小室，应是收藏舍利一类的处所。现塔刹已毁。

单层塔的出现，为后世创造了佛塔的新类型，表明了中国人对佛教的新理解。这时期由于造像的兴盛，佛塔作为佛教礼拜对象的身份越来越淡化，作为一种建筑形式的意味越来越强。佛塔从仅为佛祖一人独享，转而普及到僧人甚至民间，反映出当时中国社会已深深地处在佛教文化的影响之中，人们的生老病死都和佛教扯上了关系。

（四）寺庙园林

寺庙园林，顾名思义是附属于寺院的园林。

为了参禅清静的需要，佛寺多建于幽静的郊野山川之中，即使在喧闹的城市建造寺院，也必营造出一块相对隔绝的雅静之所，以供修炼。佛寺是对民众宣传佛教的场所，为了吸引信众，佛寺既要有庄严的殿堂供他们参拜祷告，也要有优美的环境供他们放松自在。佛寺在很大程度上是对所有人开放的，这就使佛寺不得不扮演起现代社会中城市公共设施的角色。佛寺的林池花沼渐而发展出中国园林的一个新类别——寺庙园林。

寺庙园林在两晋、南北朝时期取得了很大的发展，南方和北方在

---

① 《魏书·释老志》："惠始冢上，立石精舍，图其形象。"此"石精舍"指的就是坟塔。

② 《洛阳伽蓝记》卷四："百姓冢上，或作浮屠焉。"

园林的气质上各具特色。北方的气候不如南方，故而人工营建雕琢的痕迹较多，人文气息较重；相比之下南方寺庙园林自然美的味道较浓。南方社会相对稳定，寺庙园林发源的时间相对较早，成就也更大一些。

东晋以来许多高僧都和当时的名士有很深的交往，他们结伴游迹于名山大川之中，参禅谈玄，吟诗作赋，通过交往互相影响，高僧身上沾了些士风，名士的骨子里也渗进了禅机。这些人都具有较高的文化修养，懂得发现和欣赏自然山川之美，他们在建寺时无论选址何处，都注重对寺院进行精心的绿化。南方的寺庙园林，实际上与当时的士大夫私园完全出自一辙，从审美观到造园手法，可以说没有区别；而北方的士大夫园林并不发达，寺庙园林就显得一枝独秀了。

寺庙园林的特点在于它带有浓厚的服务的色彩，它的一山一水、一草一木，首先是为烘托佛教气氛而存在的。

在寺庙园林当中可以进行许多活动，比如参禅打坐、静思苦想、打拳修炼、游赏观景、题诗刻赋、戏耍打闹乃至变魔术、玩杂耍，应有尽有。总而言之，这一切的唯一目的是吸引各种人到寺院中来，游玩赏景之余自觉不自觉地就接受了佛教的感染，进而可能成为信徒，皈依佛教。在寺庙园林中，绿化占极重要的地位。松、竹、柳、莲、芭蕉、菩提等植物是常用的品种，松香扑面、竹影拂檐、柳丝摇曳、荷风荡漾，一派世外景象。与尘世中刀光剑影、血雨腥风相比，真是超脱至极、自在至极。也就难怪人们会趋之若鹜，涌进佛门。

建筑也是寺庙园林中的重要因素，殿堂错落、香烟袅袅，是寺庙园林中最具特色的景观。高耸的佛塔是许多寺院当中的主角，无论人们身处寺院的任何地方，都经常能看到佛塔的一角，时刻暗示和提醒人们这是佛门之地，崇尚空间和游赏空间合二为一。

北魏洛阳寺庙园林实例很多，兹举几例如下。

景明寺内"青林垂影，绿水为文。形胜之地，爽垲独美。山悬堂观，广盛一千余间。复殿重房，交疏对溜，虽有四时，而内无寒暑。房檐之外，皆是山池，松竹蓝芷，垂列阶墀，含风团露，流香吐馥。……装饰华丽，侔于永宁。……寺有三池，萑（huán，芦苇）蒲菱藕，水物生焉。或黄甲紫鳞，出没于繁藻，或青凫白雁，浮沉于绿水……伽蓝之妙，最得称首。"①此园山水交映、鸟语花香，景致极佳。

宝光寺中"园池平衍，果菜葱青，莫不叹息焉。园中有一海，号'咸池'。葭菼被岸，菱荷覆水，青松翠竹，罗生其旁。京邑士子，至于良辰美日，休沐告归，征友命朋，来游此寺。雷车接轸，羽盖成荫。或置酒林泉，题诗花圃，折藕浮瓜，以为兴适。"②此园水景秀丽、草木繁盛，每逢假日，游人如云、伞盖成荫，其景象好似今天城市里的公园。

景乐寺内"堂庑周环，曲房连接，轻条拂户，花蕊被庭。"常设女乐，大斋之日"歌声绕梁，舞袖徐转，丝管嘹亮，谐妙如神。以是尼寺，丈夫不得入。得往观者，以为至天堂。"③后来寺院的禁规逐渐放宽，普通百姓也可进去游玩赏乐，并"召诸音乐，逞伎寺内。奇禽怪兽，舞忭殿庭。飞空幻惑，世所未睹，异端奇术，总萃其中。剥驴投井，植枣种槐，须臾之间皆得食。士女观之，目乱情迷。"寺院兼而有游乐场的作用，在景乐寺里表现得再充分不过了。

景林寺传说是佛教禅宗初祖菩提达摩当年在洛阳停留时的坐禅之地，所以与其他寺院相比，景林寺就显得格外清静幽深。寺"西有园，多饶奇果。春鸟秋蝉，鸣声相续。中有禅房，内置祇园精舍，形制虽小，巧构难比。加以禅阁虚静，隐室凝邃，嘉树夹牖，芳杜匝阶，虽云朝市，想同岩谷。静行之僧，绳坐其内（坐绳床），飧（sūn，晚饭）风服道，结跏数息。"④这里的园林专为打坐参禅而设计出的相应的环境气氛，使人如在深谷幽林中一般。

河间寺"廊庑绮丽……以为蓬莱仙室，亦不是过。入其后园，见石磴礁尧，朱荷出池，绿萍浮水，飞梁跨阁，高树出云，咸皆唧唧，虽梁

---

① 《洛阳伽蓝记》卷三。
② 《洛阳伽蓝记》卷四。
③ 《洛阳伽蓝记》卷一。
④ 同上。

王兔园，想之不如也。"① 河间寺本是河间王元琛的宅园，当时就奢华之极。元琛被诛后，其宅被改为佛寺，这座宅园也跟着变成了寺庙园林。其园环境虽好，但豪华有余、幽雅不足，尚需要修整才真正符合佛寺的气氛。

此外，还有像永宁寺这样具有皇家气派的寺庙园林。这座寺院地处洛阳的内城中御道（铜驼街）的西侧，位置很显贵。寺墙为方形，四面各开一门，"四门外树以青槐，亘以绿水。京邑行人，多庇其下。路断飞尘，不由奔云之润；清风送凉，岂籍合欢之发。"寺内有"僧房楼观一千余间，雕梁粉壁，青缳绮疏，难得而言。栝柏松椿，扶疏檐溜；丛竹香草，布护阶墀。"② 永宁寺塔是北魏胡太后于熙平之年（516）亲率百官表基立刹、修建而成的。此塔号称有千尺高、"去京师百里，已遥见之"，登塔远眺，"下临云雨""视宫内如掌中，临京师若家庭。"谓之奇观。魏明帝、胡太后及百官多次登塔眺望为乐，却"以其目见宫中，禁人不听升"，不让一般百姓登眺，可见这是一座带有皇家性质的寺庙园林，不同于通常的寺庙园林。

最后值得一提的还有以龙门石窟为主体的寺庙风景园林。龙门地形奇伟，两山对峙，伊水中流，自北魏开始雕凿石窟后就一直吸引着无数佛教信徒前来开窟捐像、朝拜进香。帝王将相往来朝圣、文人墨客吟诗赋词、百姓黎民磕头还愿，龙门成为中国北方最吸引人的佛教圣地。古阳洞、宾阳洞、火烧洞、莲花洞、石窟寺、魏字洞、唐字洞等，都是北魏时期开凿的。龙门从北魏开始营建后，就逐渐形成了自然和人文景观相结合的自然风景式的寺庙园林。

寺庙园林还有一个特点就是它经常用一些景观去比附佛教经典中所形容的佛国世界，借以增加这些景观的神秘性和神圣性，另外还借这些景观编造出许多佛、菩萨现身显灵的故事，树碑立龛、题字造像、烧香礼拜，使之固定下来，成为胜地。在寺庙园林中游赏，常常有恍如进入了佛国之感，道理也就在这里。

---

① 《洛阳伽蓝记》卷四。
② 《洛阳伽蓝记》卷一。

当然，寺庙园林的造园手法真正成熟起来是隋唐以后的事情，两晋、南北朝时期只是为寺庙园林开了个头，为其高潮的到来作了极为有益而必要的铺垫和准备。

三、礼拜空间

佛教主要的崇拜对象是佛祖释迦牟尼，其主要有两类，一类是佛像，另一类是除佛像以外其他的佛的象征物，如窣堵坡、菩提树、佛经、佛脚印等。在印度佛教发展的早期，是没有佛像的，故一切需要供奉佛祖的地方，均用佛的象征物替代，其中窣堵坡崇拜占有很重要的地位。

（一）印度佛教建筑的礼拜空间

1. 单一的礼拜空间模式分析

右旋和叩拜这两类致敬方式，在建筑空间上有不同的反映。

（1）右旋空间

因这种礼拜方式而产生的建筑空间，其特征是在崇拜对象周围有可供环绕的通道以便礼拜者可以围绕崇拜对象进行顺时针方向的绕行，这样的礼拜空间模式，称之为右旋空间。

（2）叩拜空间

以五体投地为最高等级的这一类礼拜方式，与右旋周绕的方式相比，对建筑空间的要求有较大的不同。五体投地的叩拜方式要求崇拜对象与叩拜者处于面对面的位置，不必有以崇拜对象为中心的环绕通道，这样的空间称之为叩拜空间。因为叩拜者都要尽量正对崇拜对象的面容进行礼拜，所以叩拜空间的基本特征是崇拜中心的正面和两侧应该是开敞的，其背后的空间则可以是封闭的。

2. 礼拜空间的类型

（1）复合式礼拜空间

所谓复合式礼拜空间，就是指在这种礼拜空间当中，既可以对崇拜对象进行右旋周绕的礼拜，又可以对其进行叩拜。这种空间根据具体崇拜对象的不同，可以是室内的，也可以是露天的。室内的如佛像、窣堵坡等；室外的如窣堵坡、佛殿等。

从历史发展的时间顺序上来说，佛教造像出现得比较晚。故而自公元前6世纪末佛教兴起后，数百年间无佛像之刻画，凡遇需刻佛本人形象之处，皆以堵坡（佛塔）、脚印、宝座、菩提树等象征。公元1世纪后，崇拜佛像逐成风气，遂有佛像的创作。最初的佛像是从印度民间鬼神雕像转化而来的。当佛像出现以后，开始是被寛刻在窣堵坡上的，后来成为独立的造像。

在所有佛陀的象征物当中，佛像由于其强烈的直观性和生动性而最终占据了主导地位。但窣堵坡也并未退出历史舞台，它作为保存收藏佛舍利的处所而继续存在，并受到佛教徒的礼敬。

秦汉至魏晋南北朝建筑雕塑史

① 以菩提树为中心的复合式礼拜空间

菩提树作为佛教的崇拜物，是源于传说中佛陀在菩提树下悟出佛教、宣扬佛法以及最后在树下涅槃等事迹。释道原的《景德传灯录》所引《长阿含经》指出：佛教禅宗所信奉的七位祖师佛，都是在菩提树下说法布道的。

可以认为，在窣堵坡被广泛接受为佛陀的象征之前，佛教徒是将菩提树作为主要崇拜对象的。在佛教典籍中，菩提树又称道场树，《大唐西域记》中云："菩提树垣正中有金刚座。昔贤劫初成，与大地俱起，据三千大千世界中，下极金轮，上侵地际，金刚所成，周百余步，贤劫千佛坐之而入金刚定，故曰金刚座焉。……金刚座上菩提树者，即毕钵罗之树也。昔佛在世，高数百尺，屡经残伐，犹高四五丈。佛坐其下成等正觉，因而谓之菩提树焉。"唐代还有记载："（菩提）树高四百尺，下有银塔周回绕之。彼国人时常焚香散花，绕树作礼。"

菩提树林

有学者推测，在佛教的早期发展阶段，存在过供奉活的菩提树的情况。菩提树被种植于窣堵坡的顶部，并用石栏围护起来。后来，石栏被改为类似亭子的露天石室，树冠从石室顶部中央耸出室外。在佛陀涅槃后大约500年的孔雀王朝阿育王时代，菩提树便被刹柱所取代。这种刹柱的形象是一根垂直立柱上穿插数重圆盘，呈伞状，我们也称之为相轮。

绕树敬佛的仪式，使环绕菩提树的空间成为一种佛教的复合式礼拜空间。这一空间的特征是菩提树周围有可环行的通道，围绕菩提树既可以作右旋礼拜，也可以进行叩拜。菩提树本身没有特定的正面，故对它的叩拜是来自各个方向的，没有明显的正方向。

② 以露天窣堵坡为崇拜中心的复合式礼拜空间

窣堵坡其外观呈半球体状，从下至上依次由四部分组成：台基、实心半球体（覆钵）、顶上正方形围栏、石造的刹（穿有若干层圆形伞状华盖的直立竿，象征着菩提树）。在古印度，窣堵坡并非独属于佛教，

窣堵坡

在印度教、耆那教中，都曾出现窣堵坡崇拜。古印度国王死后也多以窣堵坡为自己的陵寝。

使得窣堵坡成为佛教圣物的重要人物，大概要算孔雀王朝的阿育王子。由于他的大力提倡，佛教得到巨大的发展，在他的时代修建的桑奇大窣堵坡，成为佛教主要圣地之一。

桑奇大窣堵坡，即桑奇 1 号窣堵坡，原建于约公元前 2 世纪（阿育王时期）。其覆钵下的基座直径 36.5 米，除刹柱而外，整个窣堵坡高 17.1 米，其中覆钵高 12.8，基座高 4.3 米，基座外有一圈高 3.3 米的栏杆形石墙，石墙的四面正中各有一座石门（石牌楼），高约 10 米。石牌楼的存在，强调出窣堵坡的方向。在古印度有许多佛教窣堵坡，只是它们不都像桑奇大窣堵坡体量这么巨大，地位这样显赫。

③ 支提

支提，梵文 Chaitya，在中国有"制多""制底""招提"等音译法。它是古印度的一种佛教建筑，主要用于集会、礼拜、祭典等仪式，故也被称为塔庙。支提包括依山开凿的支提窟和建于地面的支提殿，它们的内部空间形态是相同的。

a. 支提窟

支提窟的平面为长条状，一端为入口，与入口相对的另一端为半圆形平面，在半圆形的中央供有一座窣堵坡，围绕这个窣堵坡有环通的甬道，用于对窣堵坡进行右旋礼拜。这样的布局实际上就是把露天的窣堵坡搬到了室内。与露天的窣堵坡相比，支提中窣堵坡的方向性更强。这是因为有长条形的空间作为导引，使与支提入口相对的那一个面成为窣堵坡的明确的正面，佛教信徒主要是在长条形的空间朝向窣堵坡作叩拜的。

实例如印度卡尔利的一座支提窟（约公元前 78 年修建），进深约 38.5 米，宽约 13.7 米，里端平面呈半圆形的部位有一座窣堵坡，沿石窟两侧岩壁各有一排粗壮的石柱，一直绕到窣堵坡的后面。柱头雕刻精致，样式独特。窟顶呈拱形，有仿木结构的石椽子。

b. 支提殿

支提殿是建于地面的塔庙，其平面形态和功能与支提窟完全相同，

︱澳门渔人码头巴西利卡︱

🔺 巴西利卡是古罗马的一种公共建筑形式，其特点是平面呈长方形，外侧有一圈柱廊，主入口在长边，短边有耳室，采用条形拱券作屋顶。

实例可以在桑奇的佛教建筑遗址中找到。

支提殿内部的礼拜空间形式应与支提窟相同。支提殿往往是相对独立的，其周围有可环绕的空间，本身也可以作为礼拜对象被佛教信徒右旋和叩拜，故在支提殿的内部和外部各有一个复合式礼拜空间。

支提殿或支提窟平面的长条形部位的两侧有柱廊，这与希腊神庙和古罗马的巴西利卡（Basilica）都很相似，特别是巴西利卡的中间部分也是长条形，内有二或三排列柱，在长条形的一端或两端有半圆形的祭坛（altar）。联系到公元前 327 年马其顿国王亚历山大曾经征服印度的这段历史，可以认为印度支提窟与希腊神庙在平面形态上是有一定关系的。在印度可以找到与希腊神庙外观很相似的支提殿，从而可以推想支提殿和支提窟在形制上曾受到来自欧洲的影响。

④ 包含复合式礼拜空间的佛殿

这种佛殿指专供佛像的殿堂，存在于被称为毗诃罗的石窟或地面的僧伽蓝当中。毗诃罗（Vihara）包括供奉佛像的佛殿窟以及禅窟和僧房等；僧伽蓝（Samgharama）意为众园，实际上就是建于地面的寺院。

毗诃罗中佛殿窟的平面多为前后室制，实例如阿旃陀石窟第4、6、17、21、23窟等。其后室为主室，内供佛像。佛像被供奉在窟室的中央，围绕佛像可作右旋礼拜，也可叩拜。僧伽蓝中的佛殿为方形或回形平面，如桑奇第45寺中的佛殿。供奉方式是在殿内正中供奉佛像，在佛像的两侧和背后留有连通的甬道，可做右旋礼拜，在佛像正面则供信徒行叩拜礼仪。

（2）单一式礼拜空间

这是仅可以供叩拜，而不能右旋周绕的空间形式，只在一些毗诃罗窟中见到实例，如阿旃陀第1、4窟和阿贾恩泰石窟等。其平面布局形式是在佛殿中，佛像被靠在墙边供奉，在佛像与墙之间没有通道，故而不能对佛像进行右旋的礼拜方式。

综上所述，古印度的佛教建筑礼拜空间形式主要有两类，即复合式礼拜空间和单一式礼拜空间，由于佛教教义的提倡，使得复合式礼拜空间占绝大多数。随大乘佛教的兴起，佛像制作渐而流行，供奉佛像便越来越普遍。在这种情况下，有少量单一式礼拜空间出现在佛殿（窟）中是可能的，因为主要的礼拜仪式并不在此进行。

（二）西域中亚佛教建筑礼拜空间概况

西域中亚佛教建筑礼拜空间依然是遵循佛教教义中右旋和叩拜两种礼拜形式而来。

1. 复合式礼拜空间

（1）以窣堵坡为中心的复合式礼拜空间

西域以窣堵坡为佛陀象征物而加以礼拜，显然是受到了印度的影响，其礼拜空间形式仍是右旋与叩拜两种礼拜空间形式相复合而来，空间模式如印度室外的窣堵坡，但在窣堵坡的形式上发生了很大的转型。

| 覆翁式穹顶 |

① 覆瓮式 ①

印度窣堵坡在中亚犍陀罗等地区发生了明显的转型，从覆钵式走向覆瓮（缸）式，其基座逐渐变得高大，并出现了许多来自希腊、波斯的建筑母题，而建筑材料系用夯土及土坯砌筑多层方基座，以土坯叠涩或发券形成覆瓮式穹顶。

实例如捷尔梅兹城附近的祖尔马勒窣堵坡，其基座平面 22×16 米，高 1.4 米，鼓座高近 13 米，以方形土坯砌筑。基座上原有白色石灰石镶嵌，边缘上有浮雕的花纹装饰。又如捷尔梅兹以北的阿伊尔塔姆窣堵坡，方形单层基座，鼓座直径约 3 米，现残高 2.3 米。原大夏国都城巴尔赫城南贵霜时期的托皮斯塔姆窣堵坡，砖砌，方形基座，边长 50 余米，覆钵直径达 26 米，通高估计在 70 米左右，是中亚已知最大的一座

---

① 常青《西域文明与华夏建筑的变迁》，湖南教育出版社，1992 年版。

窣堵坡，形制与阿伊尔塔姆窣堵坡相同。这种形制的窣堵坡遗址广泛分布于中亚地区的大夏、罽宾、犍陀罗和迦湿弥罗地区。有些实例是中空的，例如今喀布尔的哥尔达拉窣堵坡，其内部空间可供奉佛像、藏经书或舍利函等。

覆钵式窣堵坡的形成，显然是在当地的建筑形制上赋予了佛教内容和题材。如在中亚的土库曼斯坦梅尔夫（马雷）发现的古代居住建筑，与之形象差不多。特别是这种形制的窣堵坡在外观上与后来的波斯—突厥伊斯兰建筑几乎没有什么差别，如梅尔夫 12 世纪的桑扎尔苏丹墓、谢拉赫斯 11 世纪的阿布尔——发兹尔墓、南塔吉克斯坦沙尔杜兹克州 12 世纪至 13 世纪的霍加墓等。

从上面的例子我们看到，中亚佛教建筑和在它之后的伊斯兰教建筑具有相同或相近的形象，如高大的方基座，圆形或多边形的鼓座及穹顶，在基座和鼓座上都有一系列的盲券门等。有的学者认为，这种现象反映出西域佛塔寺对突厥坟庙的影响，其论证是较有说服力的，他说："西域的玛札礼拜寺，溯其源流，与突厥坟前立祠庙的习俗不无关系，而后者又是在我国汉地陵寝制度及佛教窣堵坡——佛精舍的双重影响下产生的。"①

透过中亚佛教建筑与波斯—突厥或伊斯兰建筑有相似的形制这一点，我们看到，不同宗教信仰的民族或地区，其建筑的转化或改造，并不是把传统的、固有的建筑形制全部抛弃。而是在遵循宗教教义的前提下，只是将一些标志性建筑构件或空间形式引入到已有的建筑中，而传统的建造方式仍会被保存下来。比如中亚当地固有的生土技艺在佛教和伊斯兰教建筑中都一脉相承，有连续性的发展。

覆钵状的"坟"在中亚民族当中有着很久远的渊源，所以既被中亚佛教建筑所采用，也保留在波斯——突厥式伊斯兰宗教建筑当中。但标志性的象征物，则不予接纳，比如佛教建筑的突出象征物——刹，就不可能出现在伊斯兰宗教建筑上，因为从宗教意义上来说，刹是代表佛教

---

① 常青《西域文明与华夏建筑的变迁》，湖南教育出版社，1992 年版。

的，当然不可能被伊斯兰教所认同了。

尽管现存的佛教覆瓮式窣堵坡中塔刹多已毁，但从其遗构中仍然可以找到木质刹柱的残迹。说明覆瓮式佛教窣堵坡的顶部原来都是有刹的，由上面的分析可以看出，作为佛教的象征物来说，刹的地位高于覆瓮（或覆钵）。

②楼阁式——犍陀罗多层式

犍陀罗窣堵坡则进一步向楼阁式发展，在层数增多的基座上，逐层设壁柱，柱间有盲券佛龛，并可有直坡屋檐，整个外观如同楼阁，顶部立窣堵坡，实例有劳瑞安·坦哈依窣堵坡（Loriyan Tanhai Stupa）。其形制是在多层基座上逐层设壁柱，颇似古罗马楼阁上多层柱式的做法。印度古都巴特那（Patna）曾出土过一件公元3世纪以前的泥浮雕，中有楼阁式窣堵坡形象，分作五层，首层有一供佛的大券龛，以上各层都有盲券、扶壁柱和直坡屋檐，从特征上看属于犍陀罗型。

犍陀罗文化的中心是富楼沙，其城东南一千米处，有著名的雀离浮屠遗址，梵文称邦主支提（Mahuraja Chaitya）。该浮屠初建于公元2世纪的贵霜王迦腻色迦时期。东晋法显的《佛国记》称其"高四十余丈，众宝校饰，凡所经见塔庙，壮丽威严，都无此比"。《洛阳伽蓝记》和《水经注》也对其有记载，可以认为它是一座木构高层楼阁。

2. 以中心塔柱为中心的复合礼拜空间

在西域中亚地区出现了一种以中心塔柱为礼拜对象的石窟或殿室。

石窟的平面为前后室的平面布局形式：前室为矩形，面阔大于进深，上部为平顶或拱顶；后室大多都凿成穹隆顶，是主室，其中央立有一个从地面直通到窟顶的中心塔柱，柱身上刻有许多佛龛和佛像。在细部处理上，印度石窟中的仿木筒拱在中亚变成了平顶、发券的纵券顶、方形平面的发券或叠涩穹隆顶和天井顶，这个中心塔柱的地位相当于印度支提窟中的窣堵坡。

建于地面的殿堂多为方形平面、平顶，结构为梁柱式，殿堂中央有与上述石窟中类似的中心塔柱，两者形制基本相同。

从礼拜空间方面来看，这种中心塔柱式窟（殿）仍然可以满足右旋和叩拜两种礼拜方式。中心塔柱居于窟（殿）的中央，四面都是连

 秦汉至魏晋南北朝建筑雕塑史

佛龛

通的甬道，可以供佛教信徒做右旋礼拜。方形中心塔的四面都刻满佛像，使僧侣、信徒可以向塔身每一个面的佛进行叩拜，但显然正对入口一面的塔身是塔的正面。通过对比，可以看出它与印度支提窟的礼拜空间模式完全一致。

这种直通窟顶的中心塔柱有其结构作用。中亚一带岩质疏松，不似印度山岩坚硬，故而在开凿石窟时考虑采用中心柱作为支撑，这是中亚地区建筑的特点，在这种中心柱上凿刻出地面多层塔的形象，并大量雕刻佛像，反映出这种中心塔柱虽是结构需要的产物，但也尽量满足佛教教义的要求。这种形制的中心塔柱与中亚地面的多层窣堵坡是互相呼应的。

3. 以大佛为中心的复合式礼拜空间

中亚存在着一种大佛窟，多为长方形纵券顶，窟的中央置大佛教，可在周边窟壁上辟禅室。例如巴米扬两个著名的大佛窟，东西相望，佛像各高 37 米和 55 米。佛脚下有可绕旋礼拜的甬道，周围有八边形、方形、圆形的小禅室。

这种大佛窟的礼拜空间形式与上述中心塔柱式相类似，既可环绕礼拜，又可面对面进行叩拜，特别是由于其礼拜对象是大佛像，故而方向性非常明确，佛脸方向显然是其正面。

中亚大佛窟与中心塔柱式窟实际上是同一结构形式下选择了不同的佛教题材——巨佛或千佛，在空间构成上基本相同，都是在结构技术允许的情况下，尽量满足佛教礼拜空间的需要。

4. 内含复合式礼拜空间的佛殿

在中亚，这种佛殿的平面多为“回”形，有内、外两圈墙，正面开门，佛像被供于回形平面的中央，内外两圈墙之间是一条可供环绕的通道。在此平面之中，可以完成对佛像的右旋周绕和叩拜两种礼拜方式。

这一类的佛殿也有方形平面的，以佛台居中，围绕佛台可以作右旋礼拜，从佛台的正面或其他面可以进行叩拜。这种佛殿的顶有平顶、穹隆顶两种。

5. 以佛殿为中心的复合式礼拜空间

这一类在中亚一些佛寺中可以见到。其佛殿居于院落的中央，四周

皇泽寺大佛窟

有可以环绕的甬道，面对佛殿可以进行叩拜。由于在其内部也有以佛像为中心的复合礼拜空间，所以在这样的佛殿内外就形成了双层的复合礼拜空间。

6. 西域中亚佛教建筑礼拜空间的特点

与印度佛教建筑礼拜空间相比，西域中亚的佛教建筑仍然遵循佛教教义，为僧侣和信众提供了可供右旋礼拜和叩拜的空间。但在具体的建筑形制上发生了不少转型。

首先，作为崇拜对象的窣堵坡，形状发生了变化，与中亚故有的覆瓮状坟堆更接近。而台基层数增多，高度增加，体现出了古罗马建筑楼阁形制上的相似性，为佛教建筑形式的丰富开创了范例。

其次，供奉窣堵坡的印度支提窟（殿）在中亚被一种中心塔柱式窟（殿）所代替。采用中心塔柱，主要是因为中亚当地岩质疏松，在结构上需要柱子这类支撑物。中心塔柱满足了这一要求，并应佛教礼拜的要求而作了许多处理，比如利用中心塔柱的高度在其上面划分出多层塔身，并逐层雕刻佛像等，既反映出当时大乘佛教教义的影响，也使得它与地面的多层窣堵坡取得形式上的呼应。

第三，大佛窟供奉巨型石制立佛像，与中心塔柱礼拜空间形态相似。与同样供奉佛像的印度毗诃罗窟相比，形制已很不一样了。

第四，中亚佛教建筑在结构上融入了许多当地的传统建筑因素，但其礼拜空间形式则基本与印度一致，都是一种类似于回形平面的布局，无论是中心塔柱式、大佛窟，还是佛殿，在平面形态上都可看到这一特点。故此，我们可以认为中亚佛教建筑是一种把印度佛教建筑礼拜空间基本模式融于本土已有建筑结构而形成的一类佛教建筑，在形式和风格等方面有较大转型的同时，基本上保持了来自印度佛教建筑礼拜空间的形式。

第五，以上所说的均是中亚佛教建筑中的复合式礼拜空间，而单一式礼拜空间则未见有关资料记载，可以认为即使有实例，也是占极少数的。从这一点可以看出，尽管中亚佛教建筑在结构上受本土影响较大，但在建造思想上，仍与印度佛教礼拜仪轨相一致。

罕诺伊古城遗址

（三）汉地与西域接触的前沿——古代新疆地区佛教建筑的礼拜空间①

1. 窣堵坡

新疆地区留存有与中亚覆钵式形制相似的窣堵坡，实例如我国新疆喀什附近罕诺伊古城遗址中的莫尔窣堵坡，建于8世纪以前，以草泥制楔形和条形土坯混合砌筑，基座四层，底层边长12米，逐层内收2米，高8.4米，上圆柱体鼓座及穹顶直径达3米。还有如昭怙厘窣堵坡。

2. 以中心塔柱为中心的礼拜空间

新疆天山以南所遗留的佛教遗迹中，有前后室平面布局的中心塔柱式石窟，中心塔柱呈方形，居于后室中央，上面刻有大量佛像，围绕中心塔柱形成可供右旋礼拜的环绕通道，而对其四面所雕刻的佛像都可以进行叩拜。这种中心塔柱式石窟与中亚的同类石窟可以说是完全相同的。

——————————————

① 常青《西域文明与华夏建筑的变迁》，湖南教育出版社，1992年版。

| 高昌故城 |

秦汉至魏晋南北朝建筑雕塑史

| 高昌故城讲经堂 |

在地面的殿堂中也有中心塔柱式的，如交河故城大道以北和以西的建筑遗址中，有大片方形院落，主殿位于院中偏后的夯土台基上。主殿方形，中央为土坯砌方形塔柱，形制明显是中亚式的。城中北大寺大殿的这一特征尤为显著，该建筑约建于 6 世纪至 7 世纪，平面方形，中央置土坯砌方塔柱，四面各有 12 个 30×30 厘米的柱槽，与殿四壁梁架缺口相对，为梁柱式平顶结构无疑，塔柱须弥座高 1.1 米，柱身为均匀排列的盲券佛龛，这是石窟以外支提殿的一个重要实例。在高昌故城以西的南大寺中，也可见同类型的支提殿。

3. 以大佛为中心的复合式礼拜空间

龟兹石窟中的大佛窟仍是一种由供奉佛塔的中心塔柱式窟，向供奉佛像的支提式佛殿转变的过渡形式，它在中心柱前塑立佛像，可高至十余米，形成以大像为主体的建筑形式。从佛教礼拜空间形式上来看，其形式更近于巴米扬大佛窟。

克孜尔第 47、70、77、139、148 号窟都属于这种类型。

有资料显示，新疆克弥尔 47 窟及森姆塞姆 11 窟都是可绕旋礼拜的大佛窟。佛像虽已无存，但从券顶分别高 16.8 米和 18 米来看，佛像的尺寸应是很可观的。

4. 内含复合式礼拜空间的佛殿

在焉耆七格星明屋南大寺和北大寺的遗址中，都有多个这种形制的佛殿。其平面基本上为回形，中央供佛像，而回形平面内、外两圈墙之间为环绕甬道，可供右旋礼拜之用。这种空间形式明显是右旋与叩拜相复合的，其形制与印度僧伽蓝中的佛殿及西域方形或回形平面的佛殿十分一致。

5. 小结

从以上分析中看到，新疆地区与西域中亚的佛教建筑在形式上是非常相似的。从地理位置和文化圈的关系来看，新疆与中亚很接近。从一些尚未最后确定年代的佛教遗址来看，新疆和中亚存在着互相交流、互相影响的关系（如龟兹大佛窟与中亚巴米扬大佛窟的关系）。总体来讲，这两个地区的佛教建筑都与印度的佛教建筑在形制上有较大差异。

（四）汉传佛教建筑礼拜空间的演变

1. 复合式礼拜空间

汉传佛教主要是吸取了印度佛教建筑礼拜空间的概念，结合汉地的特点而发展演变。在具体的吸收过程中，建筑形象的渊源是多头的，既受到印度本土的影响，也受到西域中亚地区佛教建筑的影响。

（1）以塔为中心的复合式礼拜空间

汉地塔的最初起源，是印度的窣堵坡。

中国古字当中本没有"塔"字。那么，为什么造出如此一个"塔"字呢？因为，形象地看，"塔"字的右边为阁（"合"可理解为"阁"①）上立草（艹），草状与塔刹（菩提树状）相似，这个"荅"其实就是佛塔的象形字。偏旁为"土"，表明了佛塔最初是以土或砖石所建造的，这与古印度和西域砖石窣堵坡的做法一致。所以有可能，"塔"字是就用这种象形与会意相结合的办法造来的。

① 汉地塔楼阁式意向的来源

为什么在汉地佛塔中最引人注目、数量极多而成为主流的是楼阁式塔，而不是印度窣堵坡式样的塔呢？

据分析这是因为古人认为"神仙喜楼居"。《史记·封禅书》中有记载："公孙卿曰，仙人可见，而上往常遽以故不见，今陛下可为观，如缑城，置脯枣，神人宜可致也，且仙人好楼居，于是上令长安则作蜚廉桂观，甘泉则作益延寿观，使卿持节杖具而候神人，乃作通天茎台。置祠具其下将招来仙人之属。"佛教初入中国时，只在统治阶级上层有些传播，如史书中记载东汉楚王英有奉佛的举动。当时，佛陀是与黄老一起被供奉、祭祀的，体现出中国人对佛教教义尚无更多的认识，笼统地认为祭祀它可以得到福佑。既然佛陀是神仙，想必也"好楼居"。故而将佛陀的象征物——苏提坡安置在汉地已有的高台建筑、井干楼或望楼一类的顶上，就"组合"出了汉地的楼阁式塔。

应当注意的是，汉地楼阁式塔的产生还受到了犍陀罗楼阁式窣堵坡

———————————

① 合，古字为"閤"；而閤又是"阁"的异体字。阁是古代楼房的一种，故而我们可以把"合"理解为是楼阁或房舍。

和中亚中心塔柱式支提殿的影响和启发，而且很可能也有直接来自古印度的影响，如《法显传》中云，"（拘萨罗国舍卫城）祇洹精舍本有七层，诸国王、人民竞兴供养"，说明古印度也有高层的佛殿（塔）。

在汉地很早就已有追求建筑高度的尝试，如高台建筑等。特别是建于坟丘之上、有祭祠作用的享堂建筑。其空间形式和使用功能都与外域窣堵坡有些类似。

中国古代之坟，有其制度。春秋战国、秦汉时均累坟。如河南辉县市战国末期的坟，由二层夯土台构成，下层均高 2 米，上层横列方形平面的夯土台三个，各高 1 米左右。从台上残存柱础看，台上应有享堂类建筑。陕西临潼骊山的秦始皇陵，由三层方形夯土台累叠而成。下层台东西宽 345 米，南北长 350 米，每层台壁都向内斜收，自底至顶，三层共高 43 米（估计原来更高），台上有寝殿，供祭祀。西汉建了许多大型陵墓。在长安西北咸阳至兴平一带，坟形状承袭秦制，累土为方锥形，而截去其上部，称为"方上"（最大者高约 20 米）。陵上建有高墙、像

埃及金字塔

生及殿屋。汉朝贵族官僚们的坟墓也多采用方锥平顶的形式。坟前造石造享堂，其前立碑；再前，于神道两侧，排列石羊、石虎和附翼的狮子（已有外域的影响）。最外，模仿木建筑形式，建石阙两座，其台基和阙身都遥浮雕柱、枋、斗拱和各种人物花纹，上部覆以屋顶。

如果拿中国古代陵寝的形制去和埃及、西亚及美洲的金字塔、观象台作比较，则可以发现它们都是一种四方台（锥）的几何体。为我们提供了一个更广阔的视角，可以对人类文明史中的一些类似的事物加以联系地看待，探讨其更深层的意义。

把印度、西域与汉地的佛塔联系起来看，我们认为它们之间有渊源和承袭关系。汉地楼阁式塔的形制在意向上是受外域佛教建筑启发的，只不过在造型和细部上更多地添加了汉地已有的建筑构件和题材而已。

② 塔与浮屠是不是一回事

塔：音译自巴利文 Thupa（塔婆），梵文称 Stupa，即窣堵坡。

有学者说，在东汉末年支娄迦谶所译的佛经中，已见"塔"字 [1]，如下。

《般舟三昧经》有"着于塔寺及山中"。《佛说无量清净平等觉经》卷三亦有"饭食沙门，而作佛寺，起塔绕香，散花燃灯。"

浮屠：即佛陀，梵文 Buddha 的音译，简称"佛"，也译作浮陀、浮图、佛驮等，意为觉者、知者、觉。

在中国，浮屠与塔混为一谈，很可能是因为梵文 Buddha Stupa（意为佛之窣堵坡）之故，这个词可译为佛塔或浮屠塔，简称浮屠。

由此可见，最初"浮屠"与"塔"是来源于两个词，从古人对"浮屠"和"塔"字的运用情况来看，佛教初传于中国时，人们是知道浮屠与塔的区别的，后来或许因浮屠与塔连用（即 Buddha Stupa），以致简称其为浮屠。

《洛阳伽蓝记》中凡讲到浮屠，均有较详细记述，特别是指出其与佛像之关联。

---

[1] 常青《西域文明与华夏建筑的变迁》，湖南教育出版社，1992 年版。

如说永宁寺九层浮屠"佛事精妙，不可思议"，从考古发现可知，永宁寺浮屠中央是一个龛刻有佛像的夯土实心体。"佛事精妙"，应该就是指此而言。

此外该书还记载有秦太上君寺五层浮屠"佛事庄严，等于永宁"，景明寺七层浮屠"是以刑饰华丽、侔于永宁"，长秋寺三层浮屠"金盘灵刹、曜诸城内。作六牙白象负释迦，庄严佛事，悉用金玉"等。

该书中只有两次提到了塔。值得注意的是，所描写的塔与浮屠不同。一处说："（明悬尼寺）有三层塔一所，未加庄严，"意思是没有佛像；另一处说："（保光寺）有三层浮屠一所，以石为基，形制甚石，画工雕刻。隐士赵逸见而叹曰：'晋朝石塔寺，今为宝光寺也！'"把此浮屠的"形制甚石"与塔（石塔寺）相联系，想必不是出于偶然，为什么还称浮屠，可能是后人在其上加刻了佛像。还有一个例子，即《洛阳伽蓝记》卷四也记有"明帝（指东汉明帝）崩，起祇洹（即精舍，）于陵上，自此以后，百姓冢上，或作浮屠焉。"其中把浮屠与祇洹（精舍）画等号，显然是把浮屠作为一种供佛像的建筑来看待的。因为"精舍"在汉地的意义就是供佛像的殿堂。除《洛阳伽蓝记》外，《魏书·释老志》也有北魏沙门"惠始冢上，立石精舍，图其形象"的记载。

从上文分析可知，塔与浮屠在佛教初传中国时是有区别的。塔是指与窣堵坡同义的坟；而浮屠是指供佛的塔——佛塔，实际上就是塔庙或佛殿。

由于佛像的出现，塔身上逐渐被雕刻了佛像，而在塔中则供奉佛像。越到后世，塔与浮屠的意义就越发混淆。故在汉地的各种书籍中，也就出现了许多对"塔"的意义进行分辨的记载。

如认为"塔"的意义是"坟"的有：

唐·地婆诃罗的《造塔功德经》，此书中称塔为坟。

认为"塔"的意义是"塔庙"的有：

《魏书·释老志》中说："塔亦胡言，犹宗庙也，故世称塔庙""建宫宇，谓为塔。"

唐·慧琳《大藏音义》卷二十七引《妙法莲花经序品第一》说："古书无塔字。葛洪《字苑》及《切韵》：'塔即佛堂，佛塔，庙也。'"

唐·道世《法苑珠林》卷三十七中亦说："所云塔者，此土云庙，庙者貌也，即是灵庙也。"

也有人把塔的意义作了总结，如唐玄应《一切经音义》卷六引《妙法莲华经》卷一，将塔的歧义性作了概括："（塔）正言窣堵坡，此译云庙，或云方坟，此义翻也，或云大聚，或云聚相，谓累石等高以为相也。"

我们认为，在汉地，塔与浮屠最初的意义是有区别的，塔指坟塔，浮屠指佛塔。而后来，塔逐渐取代了浮屠，成为所有坟塔和佛塔的总称，这种用法一直沿用到今天。

③ 以塔为中心的复合式礼拜空间

明确了塔的原意和它在汉地的多义性，我们就可以具体来看以塔为中心的礼拜空间了。

a. 窣堵坡式

这是塔的原意，即坟，以其为中心的复合式礼拜空间，与以印度窣堵坡为中心的礼拜空间完全一样。这种塔一般应是实心的。

b. 佛殿式

有一部分塔的平面形式和功能都与佛殿相似。这种塔的平面模式有以下三种。

一种是单重的，塔的平面类似于一个供佛的殿堂，中空部分可供佛像，佛像应是倚墙供奉，对其只能进行叩拜，而不能环绕礼拜，如宁波阿育王寺东塔 2～4 层等。围绕塔可做环绕礼拜，而对佛像可做叩拜礼仪，这也是一种复合式礼拜空间。

第二种是双重中心塔柱式，其平面形态好似中亚的中心塔柱式复合礼拜空间。说它是双重式，因为它不但可在塔的内部进行右旋和叩拜礼仪，在塔的外部也同样可以进行右旋和叩拜礼仪。从考古发掘和史书记载来看，北魏洛阳的永宁寺塔的礼拜空间应该就是这种双重中心塔柱式。把永宁寺塔放回到它所处的时代去考察，通过与其同期的云冈石窟塔心柱的形制进行比对，我们可以推想出永宁寺塔的形制。考古发现，永宁寺塔基尚遗有三层土台，下面两层为夯土，上面一层为土坯砌筑。土台上的柱网遗迹有五圈共 124 根柱，第二圈金柱以内即为上述土坯砌筑的实心体，约 20 米见方，残高 3.6 米，东、西、南三面各有五个盲

| 云冈石窟塔心柱 |

券佛龛，几乎可以肯定这个土坯实心体是中心方塔柱的残构。整个遗址中可以看到的中亚中心塔柱式支提空间的元素有方形土坯砌实心体、盲券佛龛、扶壁柱、回形旋转礼拜甬道等。

　　永宁寺塔至少在首层的内部应是一个可旋绕礼拜的中心塔柱式的空间。杨衒之描述该塔为"架木为之，举高九十丈。有刹，复高十丈，合去地一千尺。去京师百里已遥见之。……浮屠有四面，面有三户六窗，户皆朱漆。……殚土木之工，穷造型之巧。佛事精妙，不可思议。"① 杨

――――――――――

① 说永宁寺塔连同塔刹总共高一百丈，合现在300多米，实在有些不能令人相信。古人对建筑的高度可能是凭感觉去估计，所以会有较大的误差。其中说到刹与塔身之比为1:9（十丈对九十丈），不知是否可视为当时塔的一种固定比例？描写较详细的是刹及塔身上的宝瓶、承露金盘、金铎、金钉等构件，以及"至高风永夜，宝铎和鸣，铿锵之声，闻及十余里"。至于塔中的佛像、佛龛等情况，却未加记述。

衒之称永宁寺塔是可以登上的,说"明帝与太后(指北魏孝明帝元诩与胡太后)共登之,视宫内如掌中,临京师若家庭。"并自称也曾上过此塔。

如果此塔是可以从内部登上的,那么杨衒之为什么没有对其内部的中心塔柱或空间形式等进行描述?笔者怀疑杨衒之并没有进入过永宁寺塔的内部,因为孝明帝是禁止一般人登塔的,"以其目见宫中,禁人不听升"。是不是杨衒之在此处故弄玄虚,冒称上过此塔?总之,永宁寺塔的内部空间形制主要是受中亚中心方塔柱式支提窟(殿)影响的。

第三种是双重佛殿式。其平面形态与单重式相同,没有中心塔柱,但其内部佛像是居中供奉的,在塔的内部围绕佛坛既可以做右旋礼拜,又可以叩拜;在外部对塔本身同样既可以右旋礼拜,也可以叩拜。

由以上叙述的塔的礼拜空间的多重性和复杂性,也可以看出塔的来源绝不是单一的,而是多元的。它肯定既受印度窣堵坡的影响,也受中亚中心塔柱式窟的影响,另外就是印度和西域佛殿的影响。

(2)石窟中以中心塔柱为中心的礼拜空间

在汉地存在着许多中心塔柱式的石窟,其礼拜空间模式与前面分析的中亚和新疆的同类石窟完全相同,也是在方形窟室的中央供奉中心塔柱,既可围绕中心塔柱做右旋礼拜,也可以对其行叩拜礼。

实例如北京沮渠蒙逊曾在凉州南山大规模兴建石窟。现存武威张义堡的天梯山13座石窟,在时间上早于敦煌的Ⅰ期窟,可能是汉地迄今发现最早的一处石窟群,"其中第1窟和第4窟为北朝式的塔庙窟"。第1窟宽4.72米,高5.15米,中央有方形塔柱,塔柱前面和窟左右壁前端已崩毁,左壁残长4.48米,右壁残得更甚,其全部长度无法估计。

第4窟塔柱凿成二层塔,形制布局略同于第1窟。此两窟的开凿年代,应在公元412—429年之间。看来汉地石窟寺空间模式也是从方形塔心柱的支提窟开始的,说明最早影响汉地支提窟形制的是中亚的支提窟,而不是印度的。从河西走廊到中原地区的各个著名的石窟寺,都可见到中亚及武威的影响。

秦汉至魏晋南北朝建筑雕塑史

204

| 天梯山石窟 |

🔺 天梯山石窟，也称凉州石窟，别名凉州大佛窟，是我国开凿较早的石窟之一，也是我国早期石窟艺术的代表，是云冈石窟、龙门石窟的源头，在我国佛教史上具有重要地位，在学术界有着"石窟鼻祖"之称。

　　再如山西大同云冈支提窟的中心塔柱形制，以及具有支提空间的佛塔遗构和遗址中，尚可发现北朝至唐时，与中亚支提殿关系甚为密切的类型。

　　云冈2号窟，其中心塔柱形制为三层楼阁式塔。塔由两大部分构成，列券佛龛的实心体和仿木构的檐廊。若将檐廊去掉，便可以看出中间的实心体完全是一个中亚式的中心塔柱。这明显是以汉地梁、柱、斗拱和屋檐等建筑构件，附着于中亚方形塔柱的表面。这既说明中亚支提窟对汉地有很深的影响，也说明汉地已经开始对外域的建筑进行改造了。

云冈石窟 2 号窟中心塔柱

（3）以大佛为中心的复合式礼拜空间

这种空间模式的大佛窟在汉地只有个别实例，如陕西麟游县慈禅寺大佛窟，凿于唐永徽四年（653），围绕佛像有供环绕礼拜的甬道。其礼拜空间形态是大佛居于窟的中央，大佛四周凿有环绕可围绕的通道，可供信徒做右旋礼拜，同时面对大佛可以行叩拜礼。其礼拜空间形态虽与中亚及新疆大佛空间形态相同。

（4）内含复合式礼拜空间的佛殿

① 石窟中的此类佛殿

这种佛殿一般被称为背屏式石窟，其主窟的平面形态为方形，佛坛居中，在佛殿后部立有一面石墙，好似石屏风，被称为背屏，主要佛像靠背屏，面朝窟门供奉，在背屏后部凿有通道，故围绕佛坛可以作右旋的礼拜仪式，面朝佛像可以行叩拜礼。

② 佛寺中的此类佛殿

这种类型的佛殿是汉传佛教建筑中比较多见的，为中国传统的木构建筑，以其平面柱网形式的不同大致划分为以下三类。

a. 金厢斗底槽

平面柱网由内、外两圈柱所组成，虽是木构，但可见其礼拜空间形式与印度回形平面佛殿很相似，佛坛一般布置在大殿中央偏后的地方，在两圈柱网之间形成环绕通道，可以围绕佛坛进行右旋的礼仪，并可在佛坛前行叩拜礼仪。魏晋南北朝时期有无这种平面的佛殿尚不可考，现存实例有山西五台县佛光寺大殿（唐），河北正定隆兴寺摩尼殿（宋）等。

b. 分心槽

这种柱网在汉传佛教寺院中多被用于天王殿和山门殿。而大多数佛寺都是以天王殿兼山门殿，作为佛寺中轴线上的第一座殿堂。其平面柱网以一行中柱把建筑分为前后对称的两部分。天王殿内部的典型格局是正面中央供奉弥勒佛，与其隔着背屏背靠背、面向寺内供奉的是韦陀菩萨，四大天王两两并座，分别供奉于殿的两侧，有时在正入口两侧还分别塑有哼哈二将。以弥勒佛和韦陀为核心可以进行右旋周绕的礼仪，对天王殿中的弥勒佛、韦陀、四大天王都以进行叩拜。天王殿内部主要是围绕弥勒佛和韦陀形成复合式礼拜空间。从佛、菩萨像供奉规制的演变过程来看，天王殿的出现应该是在唐代以后。但分心槽作为一般房屋的平面形式是否已在魏晋南北朝时期出现，还有待进一步考证。

c. 其他

除金厢斗底槽和分心槽的平面柱网外，其他形式的殿堂都可归入此类。其平面形态为佛坛居于殿堂中央或中央偏后，围绕佛坛有可供右旋的环绕空间，朝佛坛可以行叩拜礼仪。礼拜空间与金厢斗底槽平面佛殿相同，但从形态上来看，金厢斗底槽平面似乎更接近印度"回"形佛殿的平面形式。

我们可以从平面柱网的划分中看到，大雄殿中安排了很大空间来供信徒跪拜之用，常常在大殿正面入口以内用减柱法，减少若干立柱，以增大佛坛前部的空间。安排较大的区域来放置供桌和香炉，现代寺院必不可少的是"功德箱"，放于跪拜蒲团之前，供信徒拜佛时捐款之用。

在佛坛两侧或一侧设有鼓、磬、木鱼等法器，供僧人念经礼佛时敲击伴奏。相应的在正入口两侧的柱网间设置有蒲团，供僧人跪坐之用。现代佛寺中大殿一侧常设有桌案，供捐款较多的香客签字以留芳名。所有这些法器或物品的设置，都考虑留出了可供环绕礼佛用的通道。

2. 单一式礼拜空间

单一式礼拜空间只能供信徒对佛像进行叩拜，而不能围绕佛像进行环绕礼拜。值得注意的是在汉地这样的礼拜空间在佛教建筑中占有很大比例。

（1）毗诃罗窟中的单一式礼拜空间

这种单一式礼拜空间主要表现在对所供奉的佛像只能行叩拜礼仪，而不可右旋礼敬。佛像的供奉方法大致有两种。一种是供奉于凹入窟壁的龛中。另一种是供奉于靠墙而设的佛坛上。前者实例如敦煌石窟北魏259 窟、十六国晚期的三座石窟、山西大龙山第3窟等，后者如陕西富县阁子头寺窟、富县石泓寺7号窟等。

（2）大佛窟的单一式礼拜空间

这一类大佛窟是依山开凿的巨型佛像，佛像背部与山体连为一体，没有可供右旋的环绕通道。如云冈的昙曜五窟（第16～20窟）开凿于北魏，其形态各是一个开凿成椭圆形平面的大山洞，洞顶呈穹窿形，前方有一个门，后壁中央雕刻一座巨大的佛像，呈坐状，背依山壁，不可环绕。敦煌莫高窟有两处大佛窟，即第96窟和第130窟。榆林也有一处大佛窟，即第6窟。此三窟所供都是弥勒坐像，分别高33米，26米和20余米。第96窟和第130窟的大佛是依山壁雕凿出来的，与云冈大佛窟一样，亦没有可供环绕礼拜的通道[1]。

可以看出汉传佛教建筑的大佛窟已从中亚的支提式窟走向非支提式的巨型摩崖石刻，取消了供右旋周绕的支提空间，只有供叩拜的叩拜空间。

---

[1] 实例还有陕西彬州市大佛寺石窟、四川乐山大佛、四川荣县大佛等。四川乐山大佛是在凌云山栖鸾峰临江峭壁上开凿出来的一尊巨大的弥勒佛坐像，通高71米，肩宽24米，相貌庄严，比例匀称，雕凿于盛唐时代（713—803年，历时九十年），号称当今世界上最大的石刻坐佛像。

| 昙曜五窟 |

🔺 昙曜五窟是云冈石窟的第一期工程。五个石窟的中央都雕刻了巨大的如来佛像，象征北魏五朝的五代皇帝。

▶第 18 窟三世佛立像，高 15.5 米，主像身披千佛袈裟，安详沉静地站立在二佛之中。释迦立像以个性突出，形象生动，被誉为云冈早期造像的佳作。

| 昙曜五窟第 18 号窟 |

（3）佛殿的单一式礼拜空间

这样的佛殿没有可以环绕礼拜的空间。其佛坛靠于建筑后墙上，僧众、信徒只能对供奉的主尊进行叩拜，却不能环绕礼敬。这类殿室在大型佛寺中多不在寺院中轴线上，但数量很多。在许多小型的佛寺中，如尼庵、茅棚等，其主殿往往是这种单一式的布局，这反映出右旋空间作为一种佛教所特有的礼拜空间形式，在汉传佛教世俗化的过程当中，逐渐弱化，有时甚至消失。

3. 汉传佛教建筑中右旋空间的弱化

在汉地右旋空间的弱化与佛教礼拜仪式的变化有关。烧香、双手合十、作揖、跪身、叩头等礼拜方式与中国传统的三跪九叩有相通之处。在中国漫长的封建社会中，跪叩是所有人对皇帝所行的大礼。在日常事务中，百姓要向官员下跪，下级要向上级下跪；在家中，晚辈向长辈下跪也是礼节之一，祭奠先辈也有下跪之礼。在佛教传入中国以前，跪叩之礼就已经是中国传统的礼节了，故在佛教传入中国之后，历史上曾有过"沙门不敬王者"的论争，其争论的核心是僧侣应不应该向皇帝行跪礼。由此可见，中国人对跪叩之礼是多么的重视。总之，跪叩很早以来就已成为中国的一种传统，是统治阶级显示其尊严的一种方式。佛教"五体投地"的礼拜方式与中国人传统的跪拜方式基本是一致的。由于这种趋同性，使"五体投地"取得了优于右旋周绕礼拜方式的地位。而双手合十、作揖、鞠躬等都是"五体投地"的简化形式。寺院的大殿中由于僧侣做法事的需要，仍保留有可供绕旋礼拜的空间，但供叩拜的空间占有相当大的面积；至于其他殿堂，干脆取消支提空间，只有叩拜空间，这是叩拜空间完全汉化后的结果。

依山开凿的巨佛与中亚大佛窟的不同在于以叩拜空间取代了右旋空间。实际上从汉地密布的摩崖造像已可以看到这一点，从石窟走到摩崖造像，也是石窟寺被汉化的又一表现。

4. 外域佛教建筑与汉地世俗建筑的融合

在佛教以五花八门的派别进入汉地之时，佛教建筑也基本上是带着西域各国的不同风格而进入中国的。

由于中国的建筑体系自身已经很具规模，故而有相当多的例子证明，汉传佛教建筑在早期就很重视对已有建筑的改造和利用。这种改造表现在两方面，一是满足佛教教义、仪轨的需要，如"舍宅为寺"必须营造出佛教礼拜空间的原则；二是拿与佛教建筑有相近意义的汉地世俗建筑和它相比附，如高台建筑、井干楼与楼阁式塔的关系。在改造的过程中，外域佛教建筑的形式虽有很大启发和借鉴意义，不容忽视，但佛教教义和仪轨的影响才更为重要。

日本学者伊东忠太曾说："中国建筑为一种特殊之发达，成特殊之式样，此为中华民族所固有，而以优秀建筑自夸者。至西域之佛教伽蓝，则必认为奇丑之低级建筑，万无模仿彼伽蓝之理。⋯⋯想后汉始创建之佛寺之建筑，即与今日中国各地普通佛寺相同，即与中国之宫殿宫衙，完全同工异曲也。只佛教之教义，勤行之法式，与佛像奉安之施设，内外之宗教庄严等，为中国国民所不知者，则模仿印度。盖除用西域式外，别无他法也。"上述说法认为，汉传佛教建筑与汉地世俗建筑同工异曲的原因是，中国人认为外域建筑式样"奇丑无比"，故而不予采纳。这种认识是武断的、不实的。因为他在后面也承认，对佛教的仪轨制度等必须模仿外域，因为这是中国本来所没有的东西。

一种宗教为人们所信奉，而其建筑却完全不为人们所接受，这是不可想象的。宗教建筑所营造的气氛，往往是高大、庄严、神秘、魔幻的，它所唤起的是存在于人们心底的共同的、原始的和本能的崇敬心理。不管你是不是宗教信徒，都会被它的建筑空间和形式所震慑和触动。

中国对于佛教建筑的引进和吸收主要是依据中国人对佛教的认识程度。随着对佛理理解的深入，在实践中也必然对其建筑的形制产生影响，其过程是逐渐地从照搬走向融汇，从模仿走向创造，从吸收走向发扬，不可能在早期就完全摈弃外域佛教建筑的形式风格。

① 对汉地世俗建筑空间利用的可能性

从洛阳永宁寺的考古报告得知，该寺平面呈方形，四周是夯土围墙，周长 1 040 米，中心为塔基遗址，其北面有一座较大的夯土遗迹，系当年佛殿的遗址。考古发掘的结果与《洛阳伽蓝记》的记载是吻合的。与永宁寺有相似的平面形制的佛寺，可以在日本找到若干实例，而

| 永宁寺遗址 |

它最初的来源则是西域的塔院。

值得注意的是，在中国古代也存在过类似形制的宫殿建筑，如河南省偃师县的二里头文化遗址（前 1900—前 1500）中的 1 号宫殿和 2 号宫殿，其平面形态与永宁寺这样的佛寺有很多相似之处。如 1 号宫殿遗址平面略呈正方形，东西长 108 米，南北宽 100 米，高 0.8 米，基址中心偏北处，有一长方形台基，其上有排列整齐的柱穴。基址的四周有墙基，从墙基内侧或内外两侧有一排或两排柱穴的情况可知，这是沿墙而置的廊庑建筑。2 号宫殿遗址平面呈长方形，南北长 73 米，东西宽 58 米，整个遗址状况与 1 号宫殿差不多，亦是在院落北部有一殿堂遗址，整个基址四周有围墙和廊庑建筑。

尽管二里头宫殿与永宁寺在年代上相去甚远，但它们之间的相似性说明汉传佛教建筑与汉地世俗建筑在形式上并不是完全不相容的。透过这种相似，我们应当看到这两类建筑的空间意义虽很不相同，但布局相似。佛寺的空间是为满足佛教礼拜仪轨而营造的，这样的仪轨要求在佛殿的内部和外部都可以完全叩拜和右旋，汉地早期的宫殿虽不是基于这种特定仪轨为前提而营建的，但与佛寺有相似的平面布局。比如二里头1号和2号宫殿遗址，从其对建筑平面的空间划分来看，可以看出室内空间和室外空间在使用上可以满足佛教建筑右旋的礼拜要求。用廊庑围合主要建筑，从而形成一种封闭的、自我保护的院落，应该说是人类最原始、最本能的营造方式。

商代以后的宗庙，仍有这种主要建筑居中，四周用廊庑围合的院落式布局的例子，如汉长安的明堂辟雍，与《魏书》中描写的洛阳白马寺以及史书记载的汉末笮融所建的徐州浮屠祠，从平面布局来看是十分相似的。

从延续到今天的佛教礼仪来看，叩拜和右旋周绕一直是佛教徒所遵循的礼拜方式，右旋周绕不但在佛殿内围绕佛像进行，也在佛殿外围绕佛殿进行。甚至有围绕整个佛寺乃至城镇进行右旋礼拜的，如西藏大昭寺所在的拉萨古城，就有以大昭寺为中心的内、中、外三条环形朝拜道和八角街的内外圈。在封建农奴制的旧西藏，朝佛活动成为人们日常生活中不可缺少的组成部分。这种转经的宗教仪式对建筑物平面布置有很大的影响。朝佛者进入寺院，按顺时针方向沿千佛廊、嘛尼噶拉廊环绕觉康主殿一周进入主殿。在主殿内仍然按顺时针方向环绕一圈，出南门离开寺院。这里所举例的大昭寺虽是藏传佛教寺院，但其刻意营造环绕礼拜空间这一点是与汉传佛教建筑完全一致的。由此可知，古代的世俗建筑若要"改宅为寺"，则必须营造出佛教礼拜空间才行，这种改造是依据佛教教义而进行的精心设计。

这种改造的结果似乎很平白，没有什么太玄奥、太复杂的结果，只不过在佛寺之中、佛殿内外营建了数条可供右旋周绕的通道而已。但我们应当注意到，这种由佛教教义所倡导、被僧侣代代相承的礼拜仪轨，能始终伴随佛教的发展而一以贯之数千年，忽略或低估它对于佛教建筑的影响显然是不对的。

由上面分析可知，汉地世俗建筑的形式可以满足佛教礼拜的需要，故而在一定的社会背景下，它很容易被拿来作佛寺使用。

云冈石窟中心塔柱

② 佛教教义对建筑的影响

这里举一个例子，即塔的边数问题，来说明佛教教义对建筑的影响。

关于佛塔的边数，长期以来是学术界讨论的热门话题。为什么会由早期的四边形居多，演化为后来的多边形居多（以八边、六边为最多）呢？从现有的材料看，早期四边居多，显然是受外域的影响，中亚的方形中心塔柱，应是汉地主要的参照对象，这一点从永宁寺塔残迹、云冈窟中心塔柱等汉地塔与中亚方形中心塔柱在细部构成上的同一性可以得到证明。

对于后来汉地塔为什么有多边形趋向，我国学术界仍是仁者见仁、智者见智。笔者认为其中有两种主要观点：一种是从结构技术角度去分析而得出的结论，认为多边形塔取代四边形塔，主要是古人为减少风力、地震等自然力对塔的破坏所采取的措施，说"中国古代建筑形式（当然包括佛塔）的发展，无论是从体量到外形，从结构到构造，从材料到内部空间都考虑到防震，受到防震技术的促进与制约"，又说"（佛塔）以后发展成六边形、八边形、十二边形和圆形，这个圆化过程有利于结构的稳定。……塔由木结构转为砖石结构，柔性结构变为刚性结构以后，塔形圆化更为合理"。上述观点中还有一个很重要的问题没有说清楚，如果圆形是对抗风抗震最有利的平面形式，为什么汉地塔的平面不是由方变圆，而主要是由方

秦汉至魏晋南北朝建筑雕塑史

214

形变为多边形呢?

针对这一问题有学者提出了另一种观点,说:"可以说八边形塔的出现不简单是建筑技术、建筑审美上的原因,而更主要的是宗教意义上的原因。"①

应该说中国人对建筑防风、抗震问题是比较重视的,并有许多具体而有效的处理方法,忽视这方面的技术成就是不应该的。没有我国古代劳动人民高度的智慧和技术手段,又怎么能有世界第一高层木建筑——应县木塔(即佛宫寺释迦塔,高67.31米,包括10米高的塔刹),建成至今近千年、

应县木塔

经历数次大地震而依然挺立的奇迹呢?但同时我们应当看到,这种物质和技术方面的保证,并不能成为佛塔形制的决定因素。佛教建筑的成因主要是其佛教教义的需要。

(五)结论

我们认为,印度佛教建筑两种最基本的礼拜空间形式——右旋空间和叩拜空间,在大多数情况下,是以两者共存的复合式礼拜空间形式出现的;而在中亚地区,佛教建筑在风格上发生了很大变化,但礼拜空间

---

① 徐伯安《我国南传佛教建筑概说》,《华中建筑》1993年第3期。

的基本原型仍是依印度佛教教义而构成，所以依然遵循右旋和叩拜两种礼拜空间模式；到了汉地，这两种基本的礼拜空间模式仍为汉传佛教建筑所遵守，但单一式礼拜空间（叩拜空间）占有了相当大的数量。

汉传佛教建筑自身由于受到汉地传统木构建筑体系及院落式布局观念的深刻影响，故主要是吸收外域佛教建筑的建筑思想，使之杂糅融合于汉地世俗建筑已很发达的体系之中。在佛教传入中国的早期，由于对佛教建筑的建造思想不甚了解，仍然不可避免大量套用外域已有的佛教建筑形式。由于外域佛教建筑是多地区、多风格的，并且教义混杂，所以汉传佛教建筑在早期呈现出一种特别混乱的局面。随着佛经大量译成汉文，中国人逐渐系统地认识了佛教，并由于当时中国自身的社会状况所致，中国人以自己的方式对佛教加以理解和诠释，渐而形成自己完整的佛教教派以及各方面的制度和仪轨。禅宗百丈禅师所写的《清规》突出反映了汉传佛教方方面面已走向成熟，这当然也包括佛教建筑，使汉传佛教建筑日趋定型化，其模式基本上就是今天我们所看到的样子。

中国人最推崇的佛教礼拜对象是佛像。从汉传佛教建筑中的佛、菩萨像的供奉规制来看，所谓佛国世界，与中国古代封建社会遵循着同样的等级制度。佛、菩萨、罗汉、金刚之间的关系与世间的皇帝、文臣武将等的关系差不多。在后世规模较大、比较完整的汉传佛教建筑里，佛有佛殿、菩萨有菩萨殿、天王有天王殿、罗汉有罗汉堂，这些神仙各司其职、各管一方，有消灾的、延寿的、治病救人的、招财进宝的，乃至有保佑生儿育女的，信徒们可以各取所需。这里也反映出中国人拜佛信教的一个特点，即"有时信，有时不信；有事就信，没事就不信。为了求得庇护，不论儒释道，不论鬼神上帝，或是菩萨圣母，都可以信。"[①] 还有学者也认为"佛教在中国传播数千年，只有在西藏的传播达到了最高境界"[②]，其言外之意就是说中国古代的封建君主们从来没有让佛教凌驾于皇权之上，皇帝始终把佛教置于自己的控制之下，只是时严时松而已。

---

① 《中国大百科全书·宗教》，第 6 页。

② 张欲晓《试论西藏藏传佛教寺院建筑形制的历史演变》，清华大学硕士论文，1994 年，第 30 页。

中国人对待佛教的态度，就特别需要所供奉的佛、菩萨们可以显灵、现真身，在危急时刻能"从天而降"，拉自己一把。这也就要求中国的佛、菩萨们特别需要有人格化、人性化的一面，而佛塔、圣树等印度古老的佛陀象征物，就显得比较抽象，在满足人的心理需求方面终不如佛像来得直接。所以佛塔就日益让位于佛殿。其实，从佛教礼拜空间的演变来看，佛塔和佛殿从渊源上来说，在宗教意义上是一样的。

从古印度流传到汉地，其间经历了漫长的历史过程，跨越了极其宽广的地理范围。在此过程当中，佛教建筑礼拜空间的形式尽管发生了一些转型，但其最初的两种模式基本得到了坚持。总的来说，都没有违背佛教教义和礼拜仪轨的要求，在汉地也是这样。因此可以认为，佛教建筑不同于世俗建筑，它所遵循的建造原则除受政治、经济和文化的影响而外，更重要的还在于满足其教义和仪轨，这就是我们从佛教建筑在中国的发展演变过程中得出的结论。

第十一章

魏晋南北朝时期的雕塑

第一节
佛教雕塑

>>>

汉代犍陀罗佛像

一、中国最早的佛教造像

（一）造像的时间

佛教传入中国是在两汉之际，其在中国真正产生影响，应在东汉末期，即汉桓帝时代。范晔著《后汉书》有如下记载："世传明帝梦见金人长大，顶有光明，以问群臣。或曰：'西方有神名佛，其形长丈六尺而金黄色。'帝于是遣使天竺问佛道法，遂于中国图画形象焉。楚王英始信其术，中国因此颇有奉其道者；后桓帝好神，数祀浮屠、老子，百姓稍有奉者，后遂转盛。"

史学家有考证，明帝梦到金人并遣使求法之说基本是不可信的，是后人根据当时的一些情况附会、编造出来的[1]。但这段文字可以告诉我们如下一些较为可信的信息。

1. 楚王英是中国最早的佛教信仰者之一

在楚王英的周围笼络了一批佛教信徒，其中可能主要是外国僧人。但佛教在当时的中国并不是完全公开和面对普通老百姓的，信仰者局限在一些上层统治阶级内部。

2. 汉明帝不信佛[2]

汉明帝与楚王英从小交情很深，所以对楚王英奉佛采取了"睁一只眼闭一只眼"的姑息容忍态度。故而当楚王英因奉佛而畏罪向明帝进贡并请求宽恕时，明帝下诏书说"何嫌何疑"，未与追究。他准许楚王英奉佛，实为政治和感情的双重考虑，楚王英却未予领会，以为自己可以随心所欲，故而在家中更加大胆地进行包括奉佛在内的一系列祭祀、图谶活动，终于遭到流放。明帝看来是不忍杀他的，但当楚王英因畏罪而自杀后，明帝便对与楚王英有牵连的人进行了清洗，以致"楚狱遂至累年，其辞语相连，自京师亲戚诸侯州郡豪杰及考案吏，阿附相陷，坐死徙者以千数"，以至于佛教在此之后几乎销声匿迹。

3. 与汉明帝相比，汉桓帝才是真正信佛的皇帝

汉桓帝是一个败国之君，横征暴敛，滥杀无辜，"亲小人，远贤臣"；荒淫无度，后宫"淫女艳妇，极天下之丽"，以致酒色伤身，36岁便死于非命。这位皇帝在精神上极度空虚，好神仙，黄老、浮屠并祭，为了求得保佑，也不管是中国的仙人，还是外国的神灵，统统求祭一番再说。皇帝带了头，王公贵族自然竞相效仿，民间也慢慢流传开了，佛教自此才真正在中国形成潮流。那么，几十年后（也就是东汉末年）笮融在中原徐州修建可容纳数千人的规模巨大的佛寺也就是很自然的事情了。

---

[1] 任继愈主编《中国佛教史》(第一卷)，中国社会科学出版社，1981年版。
[2] 吴焯《汉明帝与佛教初传》，《传统文化与现代化》1995年第5期，第55—62页。

信佛并进行礼拜仪式的楚王英和汉桓帝是否供奉了佛的塑像呢？史书中并没有详细记载 ①。而笮融所供奉的"以铜为人，黄金涂身"的金佛像可能是有据可查的汉地最早的佛教塑像 ②。但是，这方面的实物证据还有待于进一步的考古发现。

（二）最早的造像地点

佛教在东汉末年成为中国一种较普遍的宗教。佛教最早是通过什么路径进入中国的，史学界似乎还未有定论，但有相当多的考古证据表明汉地佛教主要是从陆路、也就是沿丝绸之路从西域传入的。但也有一些考古发现显示，最早的路径中似乎还存在着海路（如连云港）和山路（如四川），其证据是在上述地区都发现了早期的佛教雕像，如连云港孔望山，四川彭山、乐山及山东沂南，都发现了东汉时期遗留下来的摩崖石刻或画像石，内容全是佛像 ③，其年代可能早于目

东汉凤凰画像石

---

① 《后汉书》中记载了楚王英"学为浮屠斋戒祭祀"（《楚王英传》）和汉桓帝"好神，数祀浮屠"（《西域传》），但没有明确他们供奉的是佛的塑像，还是画像。
② 《三国志·吴志·刘繇传》。另外，《后汉书·陶谦传》也明确记载了笮融"大起浮屠寺，……作黄金涂像，衣以锦彩"。这种给佛塑像穿衣服或披袈裟的做法，至今仍是东南亚佛教国家的传统习俗。如泰国大皇宫玉佛寺里的国宝玉佛，每年要根据季节不同换穿三套不同的服装。
③ 吴焯《佛教东传与中国佛教艺术》，浙江人民出版社，1991年版。

前在中原地区发现的佛像，故而在史学界引发了汉地最早的佛教造像究竟在哪里的争论。在没有更为充分的考古证据之前，目前的大多数文献和考古发现仍使我们倾向于认为陆路是佛教传入中国汉地最早的路线。也就是说，中国佛教造像风格的演变历程还是主要集中在由西域至中国汉地的丝绸之路沿线。

二、石窟雕塑造像

魏晋南北朝时期出现了中国历史上最早的一批佛教石窟。石窟主要是沿着丝绸之路分布的。石窟造像中反映出沿丝路从西而东在风格上的一种渐变的趋势。

（一）梵式风格——外域的影响

这里所说的梵式风格，是笼统地概括了中国以外所有的外域风格，包括印度的、中亚的，乃至欧洲的。梵式风格的佛教造像主要集中在我国新疆境内。当时的新疆地区也属于西域的范畴，有大小 30 余国，其中最大的是龟兹。它们全处于西域文化圈之内，其地理位置决定了这一地区是外来文化与汉地交往的最为重要的过渡地带。从其现存佛教石窟造像的特点来看，完全是梵式风格的。

现存主要的石窟群有克孜尔千佛洞、森木塞姆石窟、克子喀拉罕石窟、库木土拉石窟以及帕孜克里克石窟等，它们当中都留存有南北朝末期以前所开凿的洞窟。其造像的主要特点是采用了印度的佛教题材、犍陀罗的造像风格，同时又夹杂了古龟兹国当地的衣着服饰等体貌特征，是一种尚不纯粹的综合性风格，但可以看出占主导地位的还是中亚的犍陀罗风格。

由于这一地区岩质疏松，不利于雕刻，故而石雕很少，佛教故事多以壁画的形式完成。从题材和风格看，主要受三种风格的影响。

1. 犍陀罗风格——西方化的人物形象

古希腊文化从其本土向外扩张时期，马其顿国亚历山大皇帝征服了古印度大部分地区，使得中亚犍陀罗地区长期处在古希腊文化的影响之下，故而犍陀罗风格带有许多古希腊艺术的特点。在新疆的石窟艺术中，可以看到很多人物的容貌、人体比例和结构等，完全是古希腊式

| 克孜尔千佛洞 |

的：佛像的鼻梁高直，眼窝深陷，眼大而唇薄，佛的发式呈波浪纹状。这一切特征都与希腊诸神的形象如出一辙，可见泛希腊文化在中亚繁荣之后，已经渗透到了中国。另外这里出现了许多裸体的题材，其中女性占了很大的比重，包括乐神、王妃、舞姬、魔女等，这一方面与佛经故事中的记载相吻合，另一方面与希腊崇尚人体美的传统也是分不开的。

2. 秣菟罗风格——倾向于印度的风格

在中亚犍陀罗风格流行的同时，印度秣菟罗（Mathura，在今印度新德里东南）地区也在流行另一种佛教艺术，故名秣菟罗风格。这种风格同样有大量裸体题材，但人物更具有印度本土的特点，体态丰满，腰部宽厚，臀部肥大。容貌也更接近印度人，面相较圆，眉部隆起，嘴唇较厚。与犍陀罗风格的深沉静谧相比，其气质更趋奔放热烈，透露着热带地区人们炽热跳动的旺盛生命力。在克孜尔188窟、206窟中，都能见到这种风格的佛、菩萨造像。

3. 笈多风格——复兴的印度艺术

这种风格是印度笈多王朝时期（320—600）的艺术形式，是犍陀罗风格与秣菟罗风格互相融合、借鉴而形成的一种风格。它以印度本土的传统为主，吸收了古希腊艺术的精华，为印度古典艺术的复兴树立了灿烂的里程碑。笈多风格的佛教造像恰如跳起了印度舞蹈，体态呈现出特有的"三道弯"状，女性头向右侧倾斜，胸部转向左方，臀部向一旁耸出，两腿转向右方，男性体态正好相反。造像的神态肃穆中透出慈祥，眼眉下垂，若有所思，如克孜尔第 175 窟的佛像所示。

外域不同时期的艺术风格都在新疆地区产生了影响。但这一地区的诸多国家的文化背景尚不足以消化融会这些风格，故而在形式上以照搬为主，各种风格在这里杂处也是不足为奇的。但这些各具特色的梵式风格到了新疆地区后并没有停步不前，而是随着使团商队继续向东进发，向汉地迈进，东、西两股文化的大碰撞在长长的丝绸之路上展开了。

（二）过渡风格——从梵式到汉式

虽然中国凭借自身源流久远、叶茂根深的文化基础，逐渐融汇了外域佛教文化的精髓，并发扬光大，反过来又向外传播，释放出去的影响并不亚于自身所获得的，但这基本上是隋唐以后的话题。魏晋南北朝时期，中国基本上是处在接受和吸收外域佛教艺术的位置上。值得注意的是，虽然外域佛教艺术是自西向东而来的，但并不是越靠近西边的石窟受外域的影响越大。相反，一些中原地区的石窟在风格上受外来的影响反而更大，这种现象恰好说明中西之间的文化交流呈来回振荡状态，影响是相互的。同时也存在着佛教文化通过多条路径传入汉地的可能性。

外域的石窟造像艺术传来中国内地时，正值十六国后期、北魏前期的这段时间。梵式风格起初在十六国凉州一带有所传播，很快便随着北魏统一北方而一举深入到中国的内地——北魏当时的国都平城。平城的云冈石窟是这一时期最具代表性的实例。除此而外，甘肃的敦煌、张掖、酒泉、永靖等地也都留有若干当时的窟龛造像。

这一时期，中国的石窟雕塑处在转型的阶段。风格上虽仍以梵式为

｜ 敦煌莫高窟佛像 ｜

主导，但已经可以看到表现中国的传统的和民族化的题材。以云冈石窟①为例，从其早期造像风格看，题材绝大多数为佛像，面相椭圆、宽额、高鼻、长眉，形象严肃；体态衣纹多显劲直，特别是形体高大的大像，更显雄伟健壮。其面貌特征是西方式的，而体型轮廓和气质上，又显出中国北部游牧民族的粗犷豪迈；服装是印度式的，袈裟斜披，偏袒着右肩；衣纹是犍陀罗式的，紧密贴身。从刀法上看，线条棱角分明，平直硬挺，随处露出锋利，显得古拙、朴实。

云冈石窟中最早的 5 座是为北魏太祖道武帝以下的五位皇帝所建的。每座窟中的主尊都是一尊巨佛像，容貌刻意模仿皇帝其人，甚至连

秦汉至魏晋南北朝建筑雕塑史

---

① 云冈石窟现存大型窟 21 个，中小型窟 32 个，加上众多小窟龛，总计约千数。大小造像超过 5 万。云冈石窟创建的历史，应始于北魏和平年间的"昙曜五窟"，即现在编号为 16～20 号的 5 座窟。随后开凿的有 1～2 号和 5～13 号共 11 个窟。最晚开凿的当数 4、14、15、21 等 4 个窟。

云冈石窟 20 号窟造像

有的皇帝脸上所长的黑痣也都刻画出来，充分体现了"帝王即佛"的思想。不难看出，为了人物面貌的真实，此时的造像已多少偏离了外域的风格，至少在人物的容貌特征上有了一些适当的转变，从欧洲人物面貌向蒙古人种的面容演化。云冈石窟中期的造像，则更加趋向中国化。不但是人物面容，而且连衣装服饰等细节，都接近现实社会，出现了中原地区流行的"褒衣薄带"，石窟的装饰题材也多采用中国形式。

（三）中国式样——汉化的完成

中国式样的佛像最终完成于龙门石窟。北魏孝文帝迁都洛阳之后，自诩为中国理所当然的统治者。他大力推行汉化政策，鼓励与汉族通婚，学习汉族政权的典章制度和生产方式，并改用汉姓，使鲜卑游牧民族完全融入中原社会和文化圈。这一时期在龙门开凿的石窟中，佛像的面貌、气质也为之一变。面相为椭圆形，丰润而饱满，鼻梁较低而宽厚，嘴唇丰满而嘴角微微上翘，显出慈祥而满足的表情，与云冈"昙曜五窟"大佛的高鼻细眼、庄严威武而使人敬畏的面貌全然不同。从衣着上看，龙门造像一身宽袍大袖，俨然是中土人士的打扮，与云冈大佛的祖肩贴身的外国装束划清了界线。

佛教文化中国化的主要原因有两个：一方面，经常有人以佛教是外来宗教为由而进行猛烈抨击，提出废佛灭法，并导致了北魏太武帝下诏断尽佛教。在这种情况下，佛教徒们不得不加紧佛教汉化的进程，千方百计地使佛教融入中国社会；另一方面，"帝王即佛"的思想使佛教的礼仪法规也向中国的世俗观念靠拢，既然当今皇帝就是如来活佛，那么帝王在人间的一套规矩在佛国也应适用。于是在龙门的造像布置上出现了"一佛二菩萨（或二弟子）"并列的做法，佛以高大的体量居中，而菩萨或弟子则以矮小的身材侍奉在左右，恰似人间帝王身边跟班听令的随从。在这里，佛国也被打上了高低贵贱的等级制度的印记，这是在印度和早期的西域所未见的。这些情况都说明了佛教造像发展到中原的龙门时，已变成了真正的中国式样。

| 龙门石窟一佛二菩萨 |

龙门石窟造像是北朝后期的作品，在中国佛像的雕塑史上，是由古拙走向精美，由模拟走向写实，由想象走向表现生活的一个重要阶段。在佛像造型和制作上还受到了与之同期的南朝文化的影响，与云冈造像已有极大的区别。在总的倾向上，是用写实人间的手法，求得信众的崇拜和敬仰，在人心理上把天国与人间的距离拉近，借以激发人们信仰佛教的决心和信心。

在技法上运用了中国绘画在用线方面的特长，显然是继承了汉代石雕的传统技艺并加以发展。这说明中国本地的工匠在佛教造像方面有了更大的发言权和创作自由度，在佛像生动性的塑造方面他们也起到不可忽略的作用。

总之，佛教造像中国化，不仅是艺术表现手法的简单的转向，而且是中国佛教的实质发生变化的指针，表明佛教汉化的历程基本完成。

（四）两晋、南北朝时期主要的石窟造像

兹将这一时期汉地主要的石窟造像记述如下，其风格的演变不再单独分类。

1. 敦煌莫高窟和西千佛洞

甘肃敦煌是东西交通要冲，西域佛教来华的必经之地。西晋进代，已有著名译经大师竺法护来此，并号称"敦煌菩萨"，东晋十六国时期北凉名僧昙无谶，也长驻敦煌译经布道，当时敦煌已是"村坞相属，多有塔寺"了。

莫高窟位于敦煌市东南 25 千米。根据唐代《重修莫高窟佛龛碑》记载，是始自十六国前秦苻坚建元二年（366）。现存窟龛 492 个，彩塑 2400 余尊。属于十六国及北朝时代的共 36 个，从时间上约分为四期：第一期属十六国北梁时代（401—439）的 268、272、275 三窟；第二期属于北魏（386—534）中期的 251、254、257、259、260、263、265、487 八个窟；第三期属于北魏晚期和西魏（534—556）前期的 246、247、248、249、285、286、288、431、435、437 十个窟；第四期属于西魏后期和北周（557—580）时代的 290、294、296、297、299、301、428、430、432、438、439、440、441、442、461 等十五个窟。从雕塑艺术角度来说，早期多表现为浓厚的犍陀罗式样，佛、菩萨像薄衣贴身，肢体硬直，原始的拙朴气息甚浓，面容尚接近中国人形象，说明尽管在造像风格和佛教仪典上有遵守外来影响的地方，但已掺杂了中国本土的风格。如259窟正龛所塑之释伽、多宝二佛并坐像和右壁龛中被称为"东方蒙娜丽莎"的单身坐佛以及257窟正龛中间之释迦说法坐像，全身虽着印度式袈裟，但面露生动的笑容，表情应是采自中国本地，可以看出雕塑者是结合中国的生活现实而创作的。再如251窟中心塔柱的四角所塑之协侍菩萨和435窟的护法天王像，两像都是北魏中后期的作品，衣饰装扮已转变为中国当时流行的"褒衣薄带"的服饰。

在北朝晚期的窟室中，有些造像的风格已和后来隋唐的风格较接近，如431窟西魏时期的三尊塑像，除在面容上保留着北朝造像瘦削的特点以及裙带服饰质朴无华而外，与后世盛唐时代雕刻几乎无甚区别，说明南北朝时期中国的雕塑已经完成了吸收、学习并改造利用外域雕塑的过程。但从雕塑造像来看，两晋南北朝时期的莫高窟并不代表当时中

| 敦煌千佛洞石窟 |

国的最高水平，比起麦积山石窟等来说，尚逊色许多。另外还模仿石雕的雕塑造型，未充分发挥彩塑自身的优势，比如多高浮雕而少圆雕，手臂多贴紧身体，不够自然和舒展。这些缺点在后来隋、唐时期的彩塑中逐渐被克服。

西千佛洞位于敦煌市城西南 30 余千米，一般和莫高窟统称为敦煌石窟。现存洞窟 16 座，多开凿于北魏时期，风格与莫高窟相近。但第16 窟中有莫高窟中未见的十六罗汉塑像，是唐代后期的作品。

2. 榆林窟

位于甘肃省瓜州县城以南 70 千米，当地俗称万佛峡。现存洞窟 41个，因与敦煌相邻，有时也被笼统地列入敦煌石窟。榆林窟大多为唐代以后所开凿，只有 3 座中心塔柱式石窟似为北魏时所建。另有一座大佛窟（第 6 窟），形制与云冈初期的石窟相似。

3. 酒泉文殊山石窟

属于十六国和北朝时期的有前山第 1、2、3 窟和后山第 1、2、3 窟共 6 个窟[①]。

4. 张掖马蹄寺石窟

有 9 个十六国或北朝时期的石窟[②]。

5. 甘肃炳灵寺石窟

位于甘肃省永靖县西南 35 千米的小积山。"炳灵"为藏语，是"十万佛"的意思。现存窟龛约 195 个，其中有十六国西秦的窟龛 2 个（编号为第 1 龛和第 169 窟），北朝时期的窟龛 37 个。

第 1 龛为一座摩崖大龛，前面尚残存着木结构建筑的遗迹。龛内有"一佛二菩萨"塑像，其内核是西秦时期所塑，可惜外表已经过明代的重塑。

第 169 窟俗称天桥窟，在窟中北壁第 6 龛的左上方崖面上，有墨书发愿文 24 行。其中有"建弘元年（420）岁在玄枵三月廿四日造字样"，

---

① 详见史岩《酒泉文殊山的石窟寺院遗迹》，《文物参考资料》1956 年第 7 期；《文物》1965 年第 3 期。
② 见史岩《散布在祁连山区民乐县境内的石窟群》，《文物参考资料》1956 年第 4 期。

是目前国内发现的最早的开窟纪年题记。并可确定该石窟群的创建年代。在该洞中有佛龛 30 余个，龛内佛像有单身立佛和一佛二菩萨两种形式，刻法有石雕、石胎泥塑和泥塑三种方法。佛像多"两肩齐挺，身材魁梧，表情严肃，造型古朴，比之敦煌、云冈的早期造像更为端庄厚实"。雕刻出的袈裟十分逼真，质感轻柔，纹路贴体，其造型特点与敦煌、麦积山石窟中早期造像的特征是一致的。

北魏时期开凿的窟龛共 33 处，其造像题材十分广泛，有释迦多宝二佛并坐、一佛二菩萨说法、单一菩萨像、维摩变、佛涅槃像及七佛造像等多种。在第 169 窟（北魏）北壁外侧最高处的一龛内，塑有一尊坐佛，左右各为一菩萨和一力士金刚，这种组合形式十分罕见。北魏时期造像的特点也比较鲜明，多为体态修长，面部消瘦，薄唇细眼，面带笑意，十分亲切。衣着宽大，长带飘舞，袈裟下摆褶皱密集，下垂感很强。从其风格上仿佛使人看到了同时期曹仲达、顾恺之画作当中的坚实挺秀线条，再现于佛像立体造型的轮廓上。

6. 甘肃天水麦积山石窟

位于甘肃省天水市东南 45 千米。这里的岩石略近于炳灵寺石窟，但更为松软，不适合雕刻佛像，只宜于泥塑彩绘。泥塑作造像，在中国很普遍，但在世界雕塑史上是比较少见的，可以说是中国的独创，同时也是世界雕塑艺术中特殊珍贵的文化遗产。

麦积山石窟的开凿年代，从早期洞窟中的题名来看，是第 78 号窟正壁坛座侧面的壁画上发现的"仇池镇"题记字样。按"仇池镇"始于北魏太平真君七年（446），由此可认定此窟至迟在这一年就已存在了。有学者认为麦积山石窟的创建应早于北魏，约始于十六国时期[1]，并判断属于后秦、西秦时代的约有 5 个窟，属北魏时代的有 60 几个，属西魏时代的约有 10 个，而北周时代的约 15 个。

第 70、74、78、165 等若干洞窟可能是后秦或西秦时代开凿的。第 115、127 等大多数洞窟是北魏时期创建的。西魏、北周时期在前面的

---

[1]　见《麦积山石窟的创造年代》，《文物》1983 年第 6 期。

麦积山石窟

基础上又有陆续的添建。特别是北周时期又开凿了一些规模很宏大的洞窟，如第 3 窟千佛廊和第 9 窟中的七佛阁等。

在造像风格上，受外来影响和佛教经典造像的规范较多，如 114、141、155 诸窟，造像多为"湿衣褶"的犍陀罗式；又如 100、114、128、169 窟的菩萨立像，多全身挺直，体躯修长，虽姿态生硬，但衣带飘举，肌肤毕露，特别是面部表情，已显出不少生气，并已在面容上有接近当地人的形象。在北魏晚期的作品中，如 127、133 诸窟，其造像面貌秀美，流露微笑，惹人喜爱，衣着装束也脱离了造像仪轨的束缚。又如 102 窟左壁龛之坐佛，身穿当时的褒衣薄带之中国装，仿佛世间一美丽的少妇①。

在雕塑手法上，比敦煌石窟更显手法熟练、富有变化，并把人间生

---

① 王子云《中国雕塑艺术史》(上册)，人民美术出版社，1988 年版，第 111 页。

活场景更多地带进佛教神界当中，格外富有人情味和民间生活气息。

在麦积山石窟中也有少数石雕佛像，但石料来自外地，其雕刻技法和艺术风格与泥塑是很不相同的。

7. 义县万佛堂

位于辽宁省义县西北 9 千米的万佛堂村。分为东、西 2 区，东区 7 窟，西区 9 窟，全部都是北魏时期的石窟。造像的总体风格与云冈、龙门等石窟较为相近。可惜的是风化十分厉害，存留至今的多不完整。较具代表意义的雕塑有如下几处。

西区第 1 窟塔柱顶端与窟顶相加处的天井，每边雕出的三个飞天浮雕形成满天飞舞的景象，可与龙门莲花洞、巩义市第 5 窟相比美。塔柱四角上层所雕出的须弥山中的蛟龙，与云冈第 10 窟内室拱门上部同一题材内容的装饰浮雕，都具有北朝晚期特有的风格。在第 1 窟窟门左右雕有护法天王像，形体虽已风化，但仍可看出与龙门宾阳中洞和巩义市石窟第 1、5 窟门所雕的天王像，同样威武，表现出北朝中、后期的天王造型。

西区第 4 窟与第 2、3 窟同是小型窟，在窟的前壁雕有右腿翘起在左膝上的思维菩萨单像龛和释迦、多宝二佛并坐说法的双像龛，以及维摩居士与文殊菩萨谈道的故事浮雕。这类题材，也是云冈中期窟较多见的。

西区第 5 窟内有北魏太和二十三年（499）营州刺史元景为孝文帝祛病祈福而"敬造石窟一区"的题记碑，不但是重要史料，而且书法精美，是魏碑中的上品。

西区第 6 窟规模最大，但窟前部已经塌毁。后壁中央交脚弥勒坐像高 3 米多，造型颇古，头发呈卷曲波浪状，左右有胁侍弟子像，塑像背后有供绕旋礼拜的通道。此造像风格与云冈石窟中期相类似，体躯优美，衣纹流畅。在身后神光的上层左右两侧浮雕有两个相对的半跪式供养菩萨，姿态优美，雕法劲利简洁，是万佛堂造像之优异者。

东区第 5 窟内保存有北魏景明三年（502）慰喻契丹使韩贞等人建造私窟的题记，是了解万佛堂石窟营建历史和中国北部民族中的重要文献。第 6 窟后壁龛内的释迦坐像"高肉髻、长眉、细眼、薄唇、丰颐"，应属北魏中期风格。其南壁所雕之维摩、文殊问疾、谈道，是保存较完好的一组浮雕。在其门外南壁雕有一组百戏图浮雕，富有民间生活意趣，在云冈西部的一些小窟中也可见到。

8. 甘肃庆阳市庆阳寺沟石窟群

创始年代在北魏永平二年（509），现存大小窟龛280多个，其中创建年代最早、规模最大、保存最完好的有编号为165窟的佛洞、222窟罗汉洞和240窟菩萨洞。从造像风格看，虽具有北朝雕刻的一些特征，但佛像体躯比例不均，臃肿矮笨，雕技粗拙，是龙门等石窟所未见的。

9. 龙门石窟

位于河南省洛阳市城南13千米的伊水两岸，开创于北魏迁都洛阳（494）前后。据龙门文物保管所1961年的清查，现存大小窟龛总计2 137个，造像约10万尊，规模甚大。其中属于南北朝时期的石窟数量并不多，约有大型洞窟12座。

（1）宾阳中洞

据《魏书》记载："景明中，世宗……于洛南伊阙山，为高祖和文昭皇太后营石窟二所。……永平中，中尹刘腾奏为世宗复造石窟一，凡为三所。"这三座石窟，就是现在龙门山北段并排而置的宾阳南、中、北三洞。就佛像雕刻来看，只有宾阳中洞是北魏时代的制作，而其他两洞中之雕像则是隋唐时代的作品。

宾阳中洞平面为马蹄形，后壁中央有大坐佛，在左右两壁各雕有三尊立像。窟顶的天花装饰，是由莲花、伎乐、飞天以及云朵组成，与坐佛及其他两组佛菩萨的火焰纹背光相互衔接呼应，形成佛窟光辉灿烂的气氛。云冈造像的粗壮豪迈，到了龙门则显得秀丽淳厚。中央坐佛，神态自然生动，笑容透着几许神秘，于严肃中流露出和蔼慈祥。下垂于佛座的衣褶纹显出柔和的织物质感，服饰显露出褒衣薄带的名士风度。可以看出，南朝"秀骨清像"的审美观点亦影响到了北朝。

（2）莲花洞

因洞中天花中心所雕大莲花而得名。据窟中小龛上有正光二年（521）的题记，可知为北魏晚期所开凿。

窟内造像，除壁龛外，只有一组五尊像（一佛二菩萨二弟子）。佛、

|龙门石窟莲花洞|

● 莲花洞是龙门石窟内的洞窟之一，因窟顶刻有一朵巨大的莲花而得名，人民大会堂的莲花顶、上阳宫观风殿顶部藻井都是依据此莲花设计而成。

菩萨像为圆雕，二弟子像用浮雕表现。用艺术手段明确区分了主从关系，显得形式丰富、富于变化。其中菩萨手部的雕凿细腻生动，显现出丰满柔软、温润而有弹性的感觉，把坚硬的石灰岩雕出了血肉的生气。莲花洞南壁有一北齐小龛。其中雕有别致的五尊佛，连同整个龛楣和神光，都刻画得细腻精致。

（3）古阳洞佛龛装饰雕刻

该洞创始于北魏景明元年（500）。根据题记记述可知，洞内的造像是在孝文帝太和十八年（494）迁都洛阳前后，由一些王公贵族出资捐造的。洞中最精美的部分是雕刻有不同形式的龛楣装饰及佛背光图案的佛龛。其题材多为"七佛"及飞天、化佛、火焰、蔓草等，它的细致程度超过了龙门所有其他的北朝石窟。

（4）石窟寺的浮雕

石窟寺位于龙门石窟群南端的高崖上，属中型规模的洞窟。窟外门楣雕饰精美，是龙门现存较优美的窟门装饰浮雕之一。在洞中还有龙门仅存的一组《帝后礼佛图》浮雕。

10. 巩义市石窟寺

位于河南省巩义市东北 7.5 千米的洛水北岸大力山下。最早由北魏孝文帝创建了伽蓝，名为希玄寺。后来在宣武帝景明年间开凿了石窟。现存的造像题记中，最早的是北魏普泰元年（531）的。

这里共有 5 个大中型石窟及一些小龛。各石窟基本都是事先计划好而一次凿成的，布局很整齐。5 个大窟都是方形平面，窟顶皆为平顶，并模仿木结构建筑的室内天花造型，并有浮雕有莲花和飞天。除第 5 窟为外，其余四个窟均为中心塔柱式窟。由于中心塔柱所占面积较大，余下空间有限，故造像都嵌入窟壁或塔柱四面，成为接近于高浮雕的形式，这和云冈的同类型石窟是相同的。

第 1 窟规模最大，平面方形，长宽各 7 米，中心塔柱 3 米见方。造像雕饰远比其他四座洞窟华丽。全窟布局是在左、右、后三壁各开四个并排的大佛龛，中心塔柱的四面各开一大龛，龛内多数为三尊像，其龛楣装饰多左右对称，即左窟壁与右窟壁相对的龛楣，不仅形式一致，而且题材内容和细部皆对应。整个窟中之装饰显得整齐一致，可见是预先有完整的规划，而不是陆续随意加刻的。

第 1 窟中特别优异的作品，是雕在窟门内侧左右壁的浮雕皇帝、皇后及宫廷贵族的礼佛行列。每壁各分为三层，每层自成一组，各组人物职位各不相同。从衣冠可知，最上层左壁为皇帝、右壁为皇后，下两层均为宫廷贵族。人物基本取侧面，这是中外浮雕的惯用手法。还有细小有趣的情节，在象征佛祖的菩提树上，雕有一对鸣叫的小鸟，为画面平添了生气。

巩义市石窟注重造型体积的处理，不论人物的体躯、脸形及所持伞、扇、华盖等，都表现出高低起伏的体积感，同时装饰感也很强，是我国古代浮雕中的优秀作品。

巩义石窟北魏石刻佛像

11. 河南渑池鸿庆寺石窟

现存洞窟 5 座，都是南北朝时期开凿的。其中第 1 窟雕刻最为精美。全窟壁及塔柱四面全是薄浮雕的佛传故事。雕刻手法精巧细腻，具有汉代装饰浮雕艺术的传统。像这种故事性较强而结构又很完美的大型浮雕，在我国古代雕刻遗作中是极为罕见的。

12. 南北响堂山石窟

响堂山石窟位于河北省邯郸市峰峰矿区的鼓山，包括南响堂、北响堂及小响堂（水浴寺）三处。南响堂位于滏阳河左岸；北响堂位于和村东南，与南响堂相距约 15 千米；小响堂在北响堂以东薛村东山上。

石窟开凿于北齐文宣帝高洋时期（550—559），当时这里是自邺都至晋阳的必经之地，高洋因"于此山腹见数百圣僧行道，遂开三石室，刻诸尊像"①。

南响堂的 7 座石窟，是北齐时所开凿；北响堂则仅有 1、2、5 三座窟为北齐时所建，其余则为隋、唐、宋、明各时代的遗迹。小响堂有 2 座洞窟，似为北齐时所开创。

南响堂仅第 1 窟尚可见窟的大致形制。窟内面积约 6.5 米见方，中央为中心塔柱，边长约 4 米，但塔与窟后壁是连接的，窟内空间实为凹形平面。在塔的三面，各雕有五尊像的佛龛，龛的上部雕为千佛，下部则雕有小龛，窟壁上除雕有多种佛龛外，右壁还刻有经文。由于窟室出口壁上刻的是《华严经》，因而这一佛窟也称为华岩洞。

北响堂第 1 窟是面宽 8 米、进深 5 米的长方形，后壁及左右壁各有一个大龛，正龛龛楣上雕有帷幕。三龛内各雕有一佛二弟子四菩萨的七尊像。右壁龛（南龛）的坐佛趺坐于半圆形的坛座上，形态丰美，衣褶下垂，造型结构完美和谐。而左壁龛（北龛）两侧的立菩萨，则体躯圆浑，裙带衣褶线纹流畅，胸前璎珞作交叉式，形制华美，充分显示了北朝晚期圆熟精练的雕刻特点。所有造像的神光都为重圆式，由莲花、忍

——————————

① 《中国大百科全书·考古学》，中国大百科全书出版社，1986 年版，第 579 页。

冬草组成，雕刻精细，结构匀称。在雕刻华丽的帷幕式龛楣上，雕有并坐的千佛，形体虽小，但衣纹线条简洁，与龙门某些北齐小龛制作风格一致。佛台座下的供养天人及狮子、香炉等，亦多相类。这一窟中佛龛的莲花式台座，花瓣下垂，且特别粗壮，其风格形制以及门、柱纹饰，都与南响堂山第7窟的制作类似，可视为北齐石窟雕刻的标准式样。

值得注意的是北响堂第5窟窟门内左右两侧壁的大型礼佛供养人像浮雕，各分为三层，其雕刻手法，显然继承了汉石室浮雕，特别是像武氏祠那样的平面浅雕的传统手法。而这种手法的应用，在中国石窟浮雕中是极少见的。此雕法十分类似剪贴的形式，只雕出人物的外形轮廓，并将空余背景铲去薄薄的一层。所有人物的颜面、口鼻、耳目及衣褶等俱无线纹可见，很可能当时是半雕半画，如陕西绥德汉墓石的表现手法。像这种完全平板式的浮雕，在形式上的确是很别致的。

南北响堂山，是北朝晚期，特别是北齐时代石窟的中心地带。其特点是手法精练，继承了汉代以来的古朴刚健的传统，明显地具有汉民族

| 响堂山石窟 |

风格。在细部处理上有几个特点，如供养菩萨着汉装，很少璎珞装饰，佛龛背光有的运用龙纹装饰，是汉族统治者常用的纹样，中心塔柱脚基上的怪兽造型也颇类似汉代守墓兽而不像佛教中常用的题材，窟壁龛交接处的支柱上的蔓草纹，可看出是从秦汉的一些云龙纹变化而来的。

13. 南京栖霞山南朝石窟造像

开创于南朝齐武帝时代。有文字可考的，是齐武帝永明二年（484），处士僧绍及其子临沂令仲璋，都笃信佛教，因令工于摄山（即栖霞山）西峰崖壁间开凿石窟，雕凿无量寿佛和协侍菩萨，佛高近三丈二尺五寸米，通座高四丈多，左右观音、大势至二菩萨，各高二丈三尺米余，同时还雕凿尊像千余处。这就是现存的大佛阁（亦称三圣殿、无量殿）三尊像及其他龛像。

大佛阁右侧的一个角落里，有一被称为石匠殿的小龛，雕了一个一手握钻、一手扬锤的雕工的肖像，在全国所有的石窟中为仅有的一尊以雕工为形象的孤例。这一龛为长方形，刚好容下这个与真人同大的石雕像。石像头部虽已风化难辨，但身躯比例匀称，下身穿南朝佣像常见的高筒裤，将一个劳动者的形象刻画得惟妙惟肖。①

三、造像碑与其他塑像

中国的造像碑是一种小型的佛教纪念碑，主要作用是为了树立在寺院等公共场所，供信徒朝拜。造像碑一般分为碑座和碑身，其碑座往往雕有大量与碑身造像有关的人物故事，如造像主的题记、供养像及乐伎等。

造像碑的形制，一般分千佛碑和佛龛造像两种。所谓千佛碑，是指在碑身雕成横竖对齐、排列工整的小佛龛，龛中浮雕佛像，用以象征大千世界存在着无数佛，符合大乘佛教的教义。实例如陕西法门寺出土的千佛碑。其碑虽已是残片，但碑身格局清晰。在碑的正中偏下部位有一个力士金刚双手托举着一个大龛，龛中浮雕主尊释迦牟尼。周围整齐排

---

① 王子云《中国雕塑艺术史》（上册），人民美术出版社，1988 年版，第 162—163 页。

列小龛七行六列，并各雕刻小佛像一尊 ①。

佛龛造像显得比千佛碑有更大的变化和创造的余地，其形制变化较多。一般多在碑的各面雕刻佛龛和造像，佛龛雕制得精巧玲珑，上有装饰华美的龛楣。形制虽小，但与石窟大型造像在形式上如出一辙，可与其交相辉映。

现存最早的造像碑是原在甘肃酒泉文殊山石窟中属东晋十六国的北凉沮渠蒙逊时代的制作。造像碑共4件，形制是多层的四面造龛像，间以造像题记。如其中题为北凉承玄二年（492）的田弘造像碑，高41厘米，底径40厘米，其上雕出上层龛像，中层题记，下层供养菩萨，风格质朴。

在陕西铜川市耀州区和泾阳县一带是渭水和泾水合流经过的地方，近年曾出土为数颇多的北朝造像碑。其中也有道教的造像，

北周王令猥造像碑

形式上是仿照佛教造像的规划雕制的。在雕刻手法上很接近汉代墓壁雕刻传统。在制作年代上，最早的是北魏太武帝始光元年（424），早于北魏灭佛之前二十多年，比云冈、龙门的石窟造像都早。其中北魏太和二十年（496）的姚伯多造像碑最为驰名，它不仅以线刻造像和线刻人物车马人物具有古朴浑厚的风格著称，而且造像人题记的书法也劲健有

———————

① 图见张勃《汉传佛教建筑礼拜空间探源》，清华大学硕士论文，1996年，第91页。

力，为北朝书法中的优异之作。

有一块北朝造像碑（现藏西安市陕西省历史博物馆），其正面上下雕出两个形制不同的拱形帷幔龛和忍冬绕枝纹尖拱龛，两龛的佛像配制和装饰陪衬也各不相同，特别是下龛两侧的陪衬，运用透雕的手法，雕出精美的连枝化佛及龛楣以外的供养信众。龛中三尊像也雕刻得非常精致，尤以主像坐佛的衣裙、莲座和左右护法神等，都非常逼真细致。莲座下的狮子、大象以及龛座所雕刻的供养像等，结构均匀对称，极富装饰意趣。两龛龛楣和坐佛下垂的裙褶等，都和麦积山同时代的造像碑佛龛有同样的优美造型。

陕西历史博物馆藏有一件北周时代造像碑，用装饰性平雕手法刻成。正面龛像正中雕为五尊像的精致小龛，龛楣的帷幕下，两个飞天作正面对舞状，实为少见。这组菩萨的脸形、宝冠以致披巾、裙褶的雕法，都可以看出北朝晚期所特有的健美的处理手法。

1975 年在西安出土了一批北朝后期的小型白玉造像碑龛。碑的高宽尺寸约为 40×28 厘米，为竖直长方形龛。龛楣有帷幕式和莲瓣拱尖式，龛内雕一佛二菩萨三尊像，龛式精美。其中一件较大的龛像，两个天王冠带长袍，威武作势。形体虽小，其威仪之厉，与龙门、巩义市等北朝作品几无分别。这一批造像是被整齐地埋放的，据推测应是在北周时期，为躲避周武帝灭佛而藏埋的。

河南淇县石佛寺村，有北魏正光（520）年间造像碑多件。共中之一的四面造像，碑身呈莲瓣形，高约 3 米，正面雕为一佛二菩萨三尊像，碑阳为高浮雕形式，碑阴及两侧为线雕减地的平雕形式。这种运用浅浮雕的精细手法，雕出这么繁丽的多组礼佛和供养行列的造像碑，还是不多见的①。

河南郑州出土一件东魏天平二年（535）的造像碑残石，碑三面雕像，一面碑铭，正面雕为七尊像龛（一佛二弟子二菩萨二天王），其左右两侧雕像颇为特殊，左侧下为山岳树石，中、上层是两边对称的莲花

①　图见《河南文博通讯》1979 年第 4 期，第 13 页。

枝叶，中层莲花上并排坐着两个人物，其中之一，从头顶生出一枝高耸的长梗莲花。这类题材，与东汉墓石的某些装饰雕刻有明显的继承关系①。

河南荥阳出土一北朝的四面造像碑，碑高约1.4米，正面雕一像龛，龛内雕交脚弥勒坐像，左右二弟子二菩萨。龛外左右，雕护法金刚，握拳怒目。莲座下四供养比丘，亦浅浮雕形式。该碑阴面为双龙额，下为五小龛，正中一龛较宽，龛楣拱幕式，其他四龛平顶幕，龛内造像各不相同。五龛之下，为一段东魏孝昌元年（525）信众百八十五人发愿造像题记，再下雕出供养信士浮雕立像八十八人，分六层整齐排列。这件碑从形式到内容，可谓北朝造像碑代表作②。

河南襄城出土的北齐天保十年（559）的碑，碑身正面雕出两层龛像，主龛是下层的五尊像，另外添加四个罗汉形的立像。龛楣上部中央刻供养人像，左右为维摩文殊谈道的故事。这在北朝后期不多见③。

在河南浚县城东6千米的佛时寺古庙中，保存有一件北齐武平三年（571）刻制的佛造像碑。碑身为方柱形，每面上下三龛，上有仿木结构的屋顶形式的碑头，下有刻写文字题记的方座。全碑四面12个佛龛，无一相同，样式繁多，可谓集像龛之大全④。

安徽亳州市，出土有北齐时代的造像9件。其中一件题为"司马、将军"的造像碑残段（经考证为北魏后期制作），雕有一立佛二菩萨，人物造型清秀，刀功刚劲，堪称佳品⑤。

山西沁县，出土一部分千佛碑，属北魏的思维菩萨小龛，龛中雕一小龛，龛外雕一大菩提树作龛楣，很为特殊⑥。

山西朔州市朔城区崇福寺的一座九层塔形的千佛造像碑，为北魏天安年间大臣曹天度为其亡父所建造，高2米，取佛塔的造型，形式

① 图见《文物》1963年第7期，第52页。
② 图见《文物》1980年第3期，第56页。
③ 图见《文物》1963年第10期。
④ 《文物》1965年第3期。
⑤ 《文物》1980年第9期，第59页。
⑥ 《文物》1979年第3期，第91页。

别致。①

总之，造像碑作为北朝盛行的一种雕刻形式，显示了中原文化和北方少数民族豪迈气概相结合的独特风格。

单独的佛教造像，用来进行供奉和参拜之用。其种类有金属像、石像、木像等。铜铸像很流行，特别是小型鎏金像，为的是携带、搬移和供养的方便。

美国旧金山市博物馆收藏有一件后赵建武四年（338）的造像，是现在发现的有明确纪年的最早的中国佛像。此像作禅定印，通肩衣，衣褶左右对称。并配有一四足方佛座②。

单独的佛像，多安置在寺院或家中的佛堂。史载南朝梁武帝萧衍笃信佛教，曾遣使印度模制佛像，所以当时京城建康（今南京）各大寺院所雕制的铜铸像和檀木像数量极多。由于佛教信仰的盛行，经常在节日抬出佛像游行街市，这种风气在当时的洛阳特别流行，《洛阳伽蓝记》中有多处记载。此外，木雕像、铜片锤揲像、夹苧漆像也很多，但主流仍是石雕佛像。

一般石雕像常带背光，下置长方形莲座。在座的四面和背光反面，有的还刻有各类供养人物和文字题铭。

北魏时交脚弥勒佛像是很流行的题材。交脚的坐姿在古印度或西域的佛教雕像中都是不曾有的，这是北魏时期佛像的新创造。因为鲜卑族贵族以两腿交叉为尊贵的坐式，所以在"帝王即佛"思想和佛教中国化趋势的影响下，北魏时期发明了这种交脚坐姿的佛像③。这类佛像常有莲瓣形背光，佛座多为长方形，衣着仍保持早期的犍陀罗式通肩长衣。

河北临漳县出土过一批北朝后期的汉白玉石造像。其中一件莲瓣形三尊像，连座仅高67厘米，莲座以下浮雕有狮子、香炉、供养比丘等。造像背面，刻有线刻佛经故事。

① 《文物》1980年第1期、第7期。
② 《中国大百科全书·考古学》，中国大百科全书出版社，1986年版，第674页。
③ 常书鸿《敦煌彩塑前言》，引日本大村西崖《元魏时的佛教》。

云冈石窟交脚弥勒佛

山东省博物馆藏有不少带背光的巨型石雕佛像，多来自临淄、益都、博兴一带。比较有代表性的为北魏正光年间的"张宝珠造像"，像为一佛二菩萨三尊立像①。

中国历史博物馆有一件北朝的石雕道教造像，正面并坐两尊长须、道冠的雕像，身着圆领道袍，作交脚坐式。除须、冠等特征外，几与佛像相似②。

南朝时代的造像，现在能见到的，多为铜铸小型像。上海市博物馆藏有一尊梁大同元年（546）的"一佛二菩萨二弟子"五尊像③。

四川成都万佛寺遗址曾出土一批南朝石造像，与北朝造像常见的瘦劲面型有别④。

在武昌市莲溪寺的一座砖墓中出土了一件三国时期的金铜佛造像，是镂刻在一件鎏金铜带饰上的。佛像呈站立状，袒露上身，身披飘带，下身穿裙子。这是中国现存较早的一件佛像⑤。

在一些因佛像或石碑被毁而散落的北朝石佛座、石碑座等雕刻中，也不乏雕饰华美之作。如洛阳出土的一个石佛座，四面雕有 12 幅具有连续性的礼佛故事。从这些石刻画的表现手法上，我们可以了解当时关于人物和山水的绘画形式，为研究我国古代绘画提供了珍贵的资料⑥。陕西咸阳的一座北周石佛座，雕有乐舞的热闹场面，一边是中原的汉舞，一这是外来的胡舞，反映了当时中外文化交流的情况⑦。从北朝石佛座上的浮雕可以看出，它是在东汉墓室石刻浮雕的传统上发展起来的，既具有雕刻的造型特点，又与绘画的形式很接近，有的还采用了单纯的线雕画。为中国古代雕塑艺术史中雕塑作品形式的多样化增加了丰富的内容。

---

① 《文物》1961 年第 12 期。
② 同上。
③ 同上。
④ 《成都万佛寺石刻艺术》，文物出版社，1958 年版。
⑤ 《中国大百科全书·考古学》，中国大百科全书出版社，1986 年版，第 674 页。
⑥ 《中国古代石刻画选集》，中国古典艺术出版社，1956 年版。
⑦ 《茂陵古佛座》，《文物参考资料》，1957 年第 3 期。

第二节
陵墓石雕和墓室雕塑

>>>

一、陵墓石雕

　　三国、两晋时期的帝王贵族陵墓，能确切考证的为数不多。西晋所在的洛阳和东晋所在的南京，近年出土的少数墓俑，不足以全面反映这一时期墓兽石雕的全貌。南朝的宋、齐、梁、陈时期，大型的护墓石兽有许多遗留至今，其成就可与西汉之霍去病墓石雕媲美。

　　南朝陵墓石兽，名称不一，有麒麟、天禄、辟邪等，在形象上没有很大的差异，都是类似于狮虎的巨兽①。

| 伍子墩东晋墓 |

秦汉至魏晋南北朝建筑雕塑史

---

① 《汉书·西域传》；常青《西域文明与华夏建筑的变迁》，湖南教育出版社，1992年版。

与汉代墓兽相比，其变化在于体积加以扩大，强化了其视觉震撼力，以达到威吓人民的作用。其体积巨大，形象狰狞，张口吐舌。昂首跃进，四肢强劲，肩生双翼，进一步加强了它的神话色彩。实例如梁武平忠侯萧景墓石兽、梁临川靖惠王萧宏墓石兽、梁安成康王萧秀墓石兽、梁南康简王萧绩墓石兽等。

河北省定兴县义慈惠石柱，建于北齐天统五年（569）。它的形制类似于汉代以来的墓表，自下而上分为柱础、柱身和柱头三段，通高为6.65米。柱础为莲瓣形；柱身为八角形，有收分，在上段部分正面做成方形，用来刻写铭文。柱头为一座三开间的石雕小殿。小石殿置于一块方形的柱顶石上，本身也分为台基、屋身和屋顶三部分。当中明间有火焰门造型的龛，浮雕有一盘腿打坐的人物像，脑后有背光，从这些特征看应是佛像无疑。两侧间雕有方窗各一。屋身的柱子形象类似于古希腊的多立克柱式，这应该与当时中原与西域的频繁而通畅的文化交往有关。屋顶为庑殿式，正脊短小，没有鸱尾，屋面仿照瓦作刻出瓦垄。这座石柱不但比例和谐、形象挺拔、雕刻精美，还为研究当时的建筑提供了精确的模型，意义重大。从碑身上的铭文来看，这座碑是统治者庆幸北魏杜洛周农民起义失败的。抛开这层消极因素不看，这座石柱可谓中国古代石雕艺术中难得的珍品①。

墓表是在帝王公卿陵墓前树立的石柱。这一时期的墓表直接继承了汉代以来的形制。下为柱础，在方座上置圆形鼓盘，刻成双螭盘绕的形状。中间段为方柱，柱身下段雕出凹槽，上段刻束竹纹，中间以绳文及龙纹相连接。在柱身的一面雕出方板，上面刻写墓主的名号职衔。柱头顶端为一块雕有覆莲纹样的圆盖，盖顶上雕刻有一尊蹲踞的辟邪神兽。实例如萧景墓表，其形制简洁秀美，雕刻繁华而不琐碎，是汉代以来墓表中最精美的一座②。

---

① 刘敦桢《定兴县北齐石柱》，《中国营造学社汇刊》第 5 卷第 2 期，1934 年。
② 刘敦桢主编《中国古代建筑史》，第 94 页。

二、墓室和墓俑雕塑

一般汉代墓祠是建在墓旁的地面石建筑物，而北魏宁懋墓祠是埋在墓内体积较小的石室，高 1.38 米，长 2 米。石室于 1931 年在洛阳出土，通室石壁内外，遍刻人物故事，有的是阴线减地法刻画，艺术价值极高，现藏美国波士顿博物馆。石室的形制和所刻人物内容，多为前代孝子的故事和护卫车马等①，其雕刻形式有的是运用很薄的阴刻减地法，与山东沂南墓室的刻法很类似，因此，沂南墓室浮雕被断为是东汉以后制作的。

这一时代的墓内雕刻物，还有北朝多见的石棺上的雕饰。中国古代石棺上施以雕饰，最早出现在东汉时代。著名的有四川芦山出土的王晖石棺，棺的左右两侧浮雕青龙白虎，前雕朱雀，后雕玄武。南北朝石窟，仍多袭汉代，如河南出土的北魏石棺（现藏开封博物馆），两侧用线刻减地的平雕法，所雕内容仍是青龙白虎，只是在龙虎前后各雕四个守护神，其中之一骑在龙虎身上作飞舞疾进状，刻线流利，衣纹飞动，使人联想到东晋画家顾恺之"坚劲连绵、循环超忽、格调移异、风趋电疾"的线画人物造型。在龙虎人物周围，更衬以云彩花草，构成一幅繁

| 北魏镇墓兽 |

① 详见《河南文博通讯》1980 年第 2 期。

秦汉至魏晋南北朝建筑雕塑史

复紧密的图景，可称龙飞凤舞。棺的前后所雕朱雀、玄武，也有仙人飞舞其间，这样就把整个石棺都雕刻成为羽化登天的仙境。陕西出土的全用阴线刻的北周石棺，所刻题材，也是青龙白虎，但手法更为简练生动，整个内容是用龙虎驱逐魔鬼以保卫死者安全。还在石棺盖上刻有伏羲女娲手举日月以表现天象。在月亮一边，刻了一只极其写实的并且在颈项上系着一条绶带兔子，奔驰在云彩中。

北朝墓葬中的墓志石刻，在河南洛阳北邙山一带曾大量出土，志盖（与墓志同样大小的盖石）上除有当时字体峥嵘、笔姿别致的题名外，在志盖和志侧上还多刻有线刻和阳线减地的装饰花纹，一般都具有较高的艺术性。其内容多为"四神"以及相关的云彩山树等，也有以凶猛力士和人骑龙凤为饰的。如洛阳出土的北魏尔朱袭墓志及盖石上的图案，可称为北魏墓志装饰的代表作，志盖中心篆书"魏故仪同三司尔朱君墓志"题字，字体规则一如现代美术字。在志身四侧面，分刻青龙、白虎、朱雀、玄武四神，配以流畅的行云，装饰性极强，意境悠远，令人如闻虎啸龙吟、凤鸣高岗。

由此看出，北朝制作，承袭了东汉墓室壁雕的手法，即线刻减地的薄肉雕的合用或单用，到北朝后期，减地法渐少应用，多演变为单纯的阴线刻画，如上述北周石棺全为线刻。这种演变，到后来的隋唐时代，就完全演变为与绘画同一形式的线刻画。

1977年安徽省亳州市出土有三国曹魏时期曹操宗室墓葬多处，出土各类明器陪葬品不少，其墓室多为砖石结构，在砖雕方面，除数量很多的字纹刻砖以外，有一墓发现线刻奔马纹残砖一块，颇为珍贵。其刻线简练轻快，轮廓准确，刀法娴熟，如一幅奔马速写画①。

南朝的砖建墓室是颇为盛行的。风行于东汉的石建墓室，此时多改用砖。其墓砖的制作方式与秦汉砖瓦类似，即沿袭了商周青铜器纹饰的雕铸手法，首先雕刻阴模，再把它打印在砖坯上，使成为阳纹的浮雕，再入窑烧制。在某些墓中，还出现了用多块墓砖连接为一幅图像的砖壁

---

① 砖雕实例多出自王子云《中国雕塑艺术史》（上册）。

形式，其图案有竹林七贤、青龙白虎之类①，制作这种壁砖的手续相当复杂，首先要按照所设计的图像，画在一块大木板上，刻成阴线画，而后按照砖面的严格尺寸，从木板上按砖的大小逐一界出，再把刚模成的砖坯，按木板界格逐一打印成各不相同的阳纹线砖块，并按照上下左右顺序的砖逐一编号后，再入窑烧制方成。在垒砌墓壁时，按原砖号编排使用，砖雕画面自然组成。

　　1957在河南邓州市出土一座属于南朝风格的画像砖墓，其人物图

飞天舞　　　　　　　　　　　　玄　武

朱雀（凤皇）

| 南朝画像砖 |

①　王靖宪《传神的画像砖》，《中国书画》（第一期），人民美术出版社，1979年版。

像的构成形式是以砖面为单位组成墓主役使的侍从、仪仗和乐舞行列以及人物故事等。其人物、牛马的大小均以砖面的大小为限，也有在一块砖的横面上塑出三、四人不等，由几块砖面即可排成一长列，这和上述南京一带出土的南朝墓室，把整个墓壁构成一幅图像的形式相比，在砖的模印上容易省工。人物马匹等体积较小，形象轮廓易于掌握，因而在造型上显得特别精致，人和牛马都神采奕奕，形象生动。如其中两块砖面，一块塑为倔强的耕牛一头①，一块塑出威武的鞍马两匹，各有御者

青 龙

白 虎

---

① 《中国古代史》（上册），人民出版社，1979 年版，第 57 页。

牵随。其中的一马，披挂着北朝多见的战甲，造型非常真实生动，而且轮廓比例准确，堪称佳制。另有两块砖面上，各塑出不同内容的伎乐、侍从，伎乐四人，吹打着乐器，侍从四人各捧供物，两队人物都作阔步前进状；更有一砖面塑出四女性，二主二仆，同样也在走动着。以上这些人物的衣冠装扮，都很像南朝样式，尤以女性的衣饰，与东晋画家顾恺之所画《女史箴图》中的人物很相似，只是披甲战马又正是北部寒冷地带所常见的装束。

三国、两晋、南北朝的墓俑雕塑，从现有的考古成果来看，主要集中在西晋和北朝，在河南洛阳、湖南长沙等地多有出土 ①。

1955 年在湖南长沙出土一批造型奇特的西晋陶俑，其中有一件骑士，类似民间艺人捏制的泥玩具。同时从某些捏塑技术和人马造型、神貌看来，都能显示出晋代瓷塑的风格特点。又如在 1974 年，南京西晋墓出土有一件青瓷水盂，瓷盖上塑出一对小水鸟，两两依偎，十分亲昵，富有情趣 ②。

东晋时代的俑像，多是有釉的青瓷塑，如南京东晋墓出土的一件女俑。

在河北景县北魏墓中，曾出土不少塑制精巧的男女俑像，其中一件女坐俑，显得秀外慧中，神态悠然；另一男俑，作者运用装饰性造型把腿部塑得特别粗大，使之产生一种稳定感。河北磁县 1974 年出土过东魏墓俑群，在造型和装扮上，与景县北魏俑人极为相似，只是女侍俑们体态窈窕、姿容秀丽，更为动人。此外，特别施展装饰手法的还有山西太原北齐张肃俗墓和北齐韩裔墓出土的一组俑像，包括男女俑人、鞍马、骆驼和牛车等。北齐作品和粗犷豪放的北魏作品比较起来，显得特别精致细腻，两者形成鲜明对比，这可能是由于民族性格与风习各异之故。以张肃俗墓的俑人、骆驼、牛车为例，从俑人的衣饰，犹以腿部的变形、骆驼的长颈细腿和整个体躯的变形来看，都是运用了夸张的艺术手法，表现出装饰雕塑的特有造型，显得精巧别致，分外惹人喜爱。同

---

① 选出自王子云《中国雕塑艺术史》（上册）。
② 《文物》1976 年第 3 期，图版肆第 3 图。

秦汉至魏晋南北朝建筑雕塑史

北魏陶俑

墓出土的其他俑像，也都经过精工细雕，显得非常光洁明快，这应是塑工加意施展技艺的结果。

在陕西西安草场坡和内蒙古呼和浩特市出土的北魏俑人，也是一批佳作。有拱手站立的男女俑，有围坐一圈各执乐器弹奏的乐舞伎俑群，有骑在甲马上高吹号角的武士，制作手法虽不精细，但能于简括中见神韵，代表了北魏风格。特别是 1975 年在呼和浩特北魏墓出土的一组舞乐俑 ①，显得栩栩如生、如闻其声。

在流失国外的北朝俑人中，较突出的有双童俑、伎乐俑和骑伎俑等。双童俑塑出一对未成年的儿童，牵手并立，脸上流露出可爱的稚气，从服装上也可看出北朝时代的儿童服饰式样。伎乐俑所塑的正是弹唱的乐人，从她那欢乐的动态，衣袖飘起，以及面部表情，都充分表达这位弹唱者情绪的高涨。这是一件传神的佳作，只有东汉时代成都出土的说书俑可与之媲美。骑伎俑也是件罕见的佳作，其传神处应从马的神

---

① 《文物》1977 年第 5 期，图版四。

态姿势来体会。马的鬃毛飘舞，体现出骏马风驰电掣的奔跑速度，加之骑者在马上的熟练表演，可看出其动作是随着马的飞奔而变更的，这使整个作品显得特别出色的。

在流失国外的动物陶塑中，有一件鞍马，一件骆驼和一件猎狗，都很有特点。前两者从艺术造型上看，应是北齐作品。尤以骆驼头小腿长的变形，与前述太原张肃俗墓骆驼的颈长腿短的变形，在手法上是相似的。雕塑者必是经过了长期观察，有深刻的生活体验，才能熟练地捕捉到这一瞬间的生动形象。

后　记

　　这套丛书，历时八年，终于成稿。回首这八年的历程，多少感慨，尽在不言中。回想本书编撰的初衷，我觉得有以下几点意见需作一些说明。

　　首先，艺术需要文化的涵养与培育，或者说，没有文化之根，难立艺术之业。凡一件艺术品，是需要独特的乃至深厚的文化内涵。故宫如此，金字塔如此，科隆大教堂如此，现代的摩天大楼更是如此。当然也需要技艺与专业素养，但充其量技艺与专业素养只能决定这个作品的风格与类型，唯其文化含量才能决定其品位与能级。

　　毕竟没有艺术的文化是不成熟的、不完整的文化，而没有文化的艺术，也是没有底蕴与震撼力的艺术，如果它还可以称之为艺术的话。

　　其次，艺术的发展需要开放的胸襟。开放则活，封闭则死。开放的心态绝非自卑自贱，但也不能妄自尊大、坐井观天：妄自尊大，等于愚昧，其后果只是自欺欺人；坐井观天，能看到几尺天，纵然你坐的可能是天下独一无二的老井，那也不过是口井罢了。所以，做绘画的，不但要知道张大千，还要知道毕加索；做建筑的，不但要知道赵州桥，还要知道埃菲尔铁塔；做戏剧的，不但要知道梅兰芳，还要知道布莱希特。我在某个地方说过，现在的中国学人，准备自己的学问，一要有中国味，追求原创性；二要补理性思维的课；三要懂得后现代。这三条做得好时，始可以称之为21世纪的中国学人。

　　其三，更重要的是创造。伟大的文化正如伟大的艺术，没有创造，将一事无成。中国传统文化固然伟大，但那光荣是属于先人的。

　　21世纪的中国正处在巨大的历史转变时期。21世纪的中国正面临着史无前例的历史性转变，在这个大趋势下，举凡民族精神、民族传统、民族风格，乃至国民性、国民素质，艺术品性与发展方向都将发生巨大的历史性嬗变。一句话，不但中国艺术将重塑，而且中国传统都将凤凰涅槃。

　　站在这样的历史关头，我希望，这一套凝聚着撰写者、策划者、编辑者与出版者无数心血的丛书，能够成为关心中国文化与艺术的中外朋友们的一份礼物。我们奉献这礼物的初衷，不仅在于回首既往，尤其在于企盼未来。

　　希望有更多的尝试者、欣赏者、评论者与创造者也能成为未来中国艺术的史中人。

史仲文